ZHIYE JINENG PEIXUN JIANDING JIAOCAI

■ 职业技能培训鉴定教材 ■

本书编审人员

主　编　尹立俊

副主编　曹德跃

主　审　沈百渭

参　审　徐卫人

无线电调试工

（高级）

中国劳动社会保障出版社

图书在版编目(CIP)数据

无线电调试工：高级/人力资源和社会保障部教材办公室组织编写. —北京：中国劳动社会保障出版社，2010

职业技能培训鉴定教材

ISBN 978-7-5045-8247-8

Ⅰ.无… Ⅱ.人… Ⅲ.无线电技术:测试技术-职业技能鉴定-教材 Ⅳ.TN06

中国版本图书馆 CIP 数据核字(2010)第 046211 号

中国劳动社会保障出版社出版发行

（北京市惠新东街 1 号 邮政编码：100029）

出 版 人：张梦欣

*

中国标准出版社秦皇岛印刷厂印刷装订 新华书店经销

787 毫米×1092 毫米 16 开本 7.25 印张 2 插页 161 千字

2010 年 3 月第 1 版 2018 年 9 月第 7 次印刷

定价：14.00 元

读者服务部电话：（010）64929211/64921644/84626437

营销部电话：（010）64961894

出版社网址：http://www.class.com.cn

内容简介

本教材由人力资源和社会保障部教材办公室组织编写。教材以《国家职业标准·无线电调试工》为依据，紧紧围绕“以企业需求为导向，以职业能力为核心”的编写理念，力求突出职业技能培训特色，满足职业技能培训与鉴定考核的需要。

本教材详细介绍了高级无线电调试工要求掌握的最新实用知识和技术。全书分为3个模块单元，主要内容包括：调试前准备、装接质量复检和调试。每一单元后安排了单元测试题及答案，书末提供了理论知识和操作技能考核试卷，供读者巩固、检验学习效果时参考使用。

本教材是高级无线电调试工职业技能培训与鉴定考核用书，也可供相关人员参加岗位培训使用。

前　言

1994年以来，劳动和社会保障部职业技能鉴定中心、教材办公室和中国劳动社会保障出版社组织有关方面专家，依据《中华人民共和国职业技能鉴定规范》，编写出版了职业技能鉴定教材及其配套的职业技能鉴定指导200余种，作为考前培训的权威性教材，受到全国各级培训、鉴定机构的欢迎，有力地推动了职业技能鉴定工作的开展。

劳动保障部从2000年开始陆续制定并颁布了国家职业标准。同时，社会经济、技术不断发展，企业对劳动力素质提出了更高的要求。为了适应新形势，为各级培训、鉴定部门和广大受培训者提供优质服务，教材办公室组织有关专家、技术人员和职业培训教学管理人员、教师，依据国家职业标准和企业对各类技能人才的需求，研发了职业技能培训鉴定教材。

新编写的教材具有以下主要特点：

在编写原则上，突出以职业能力为核心。教材编写贯穿“以职业标准为依据，以企业需求为导向，以职业能力为核心”的理念，依据国家职业标准，结合企业实际，反映岗位需求，突出新知识、新技术、新工艺、新方法，注重职业能力培养。凡是职业岗位工作中要求掌握的知识和技能，均作详细介绍。

在使用功能上，注重服务于培训和鉴定。根据职业发展的实际情况和培训需求，教材力求体现职业培训的规律，反映职业技能鉴定考核的基本要求，满足培训对象参加各级各类鉴定考试的需要。

在编写模式上，采用分级模块化编写。纵向上，教材按照国家职业资格等级单独成册，各等级合理衔接、步步提升，为技能人才培养搭建科学的阶梯型培训架构。横向上，教材按照职业功能分模块展开，安排足量、适用的内容，贴近生产实际，贴近培训对象需要，贴近市场需求。

在内容安排上，增强教材的可读性。为便于培训、鉴定部门在有限的时间内把最重要的知识和技能传授给培训对象，同时也便于培训对象迅速抓住重点，提高学习效率，在教材中精心设置了“培训目标”等栏目，以提示应该达到的目标，需要掌握的重点、难点、鉴定点和有关的扩展知识。另外，每个学习单元后安排了单元测试题，每个级别的教材都提供了理论知识和操作技能考核试卷，方便培训对象及时巩固、检验学习效果，并对本职业鉴定考核形式有初步的了解。

本书在编写过程中得到北京市人力资源和社会保障局、北京市第五十一职业技能鉴定所的大力支持和热情帮助，在此一并致以诚挚的谢意。

编写教材有相当的难度，是一项探索性工作。由于时间仓促，不足之处在所难免，恳切希望各使用单位和个人对教材提出宝贵意见，以便修订时加以完善。

人力资源和社会保障部教材办公室

目录

第1单元　调试前准备/1—32

第一节　调试工艺文件的准备 /2

一、整机调试工艺文件的种类

二、整机调试说明识读

第二节　调试工艺环境的设置 /19

一、整机测量使用的仪器仪表准备

二、整机测试系统的连接

单元测试题 /30

单元测试题答案 /32

第2单元　装接质量复检/33—49

第一节　安装质量检查 /34

一、整机安装质量

二、整机装配及质量检验实例

第二节　连线和焊接质量检验 /41

一、电子设备安装连接工艺

二、无锡焊接

三、电路板元器件焊接质量标准

四、连线和焊接质量检验

五、焊接和接线错误修正

单元测试题 /48

单元测试题答案 /49

第3单元　调试/50—96

第一节　产品安全检查 /51

一、整机安全防护的检查

二、整机漏电和绝缘的测试

第二节　功能调试 /60

一、按标准检查供电系统

二、整机信号通路的检查和调整

三、检测各功能单元的功能

第三节　指标调试 /65

一、仪器、仪表的校准与检验

二、各功能单元指标调试

第四节　调试结果记录与处理 /76

一、调幅收音机调试全过程记录

二、黑白电视机调试全过程记录

三、调幅收音机常见故障判断及检修

四、黑白电视机调试中常见故障现象分析及排除

第五节　单片机基础知识 /87

一、单片机及单片机应用系统

二、8051 单片机的基本组成

三、单片机接口电路应用

单元测试题 /94

单元测试题答案 /96

理论知识考核试卷 /97

理论知识考核试卷答案 /104

操作技能考核试卷 /105

第1单元

调试前准备

- 第一节　调试工艺文件的准备/2
- 第二节　调试工艺环境的设置/19

第一节　调试工艺文件的准备

培训目标

- 了解整机电路图
- 了解整机印制电路板图
- 熟悉整机调试需要准备的整机工作原理框图
- 熟悉单元电路的作用及工作原理
- 熟悉整机调试工艺文件

一、整机调试工艺文件的种类

1. 整机工作原理框图

整机工作原理框图是用方框形式表示整机的基本组成部分、主要特征及其功能关系的一种略图。它的作用是从总体上给阅读者一个完整的概念，为进一步编制技术文件提供依据，供使用、调试和维修参考。下面以调幅收音机和黑白电视机为例，对整机工作原理框图进行概要说明。

（1）调幅收音机原理框图。调幅收音机的原理框图如图 1—1 所示。

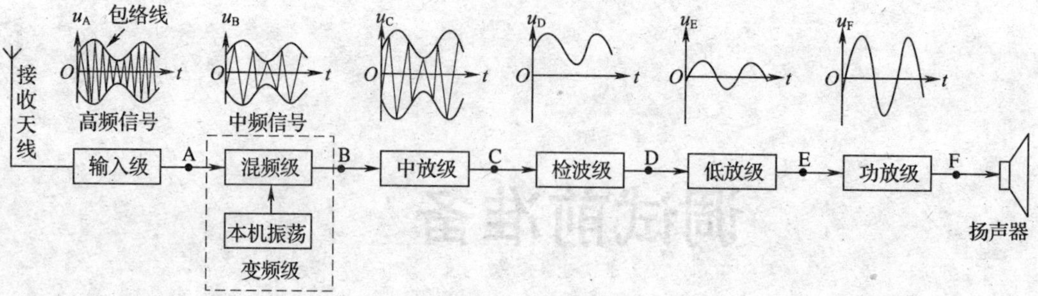

图 1—1　调幅收音机组成框图及各点波形

由图 1—1 调幅收音机的组成框图可知，调幅收音机主要是由天线、输入级、变频级、中放级、检波级、低放级（前置或推动级）、功放级及电源等部分组成。

（2）黑白电视机原理框图。黑白电视机的原理框图如图 1—2 所示。

黑白电视机主要是由高频调谐器、中频电路、视频检波及预视放、视放电路、伴音通道、扫描电路及电源等部分组成。

2. 整机电路图

（1）调幅收音机电路图。调幅收音机电路图如图 1—3 所示。

该电路工作原理如下：

1）电源部分。电源部分由 3 V 电池、开关 S、R6、R7、C7、R5、R4、R3、R1 组成，给混频级、中放级、功率放大级等提供直流电压。

2）输入回路和混频电路。输入回路的主要作用是选择信号，所以通常采用 LC 并

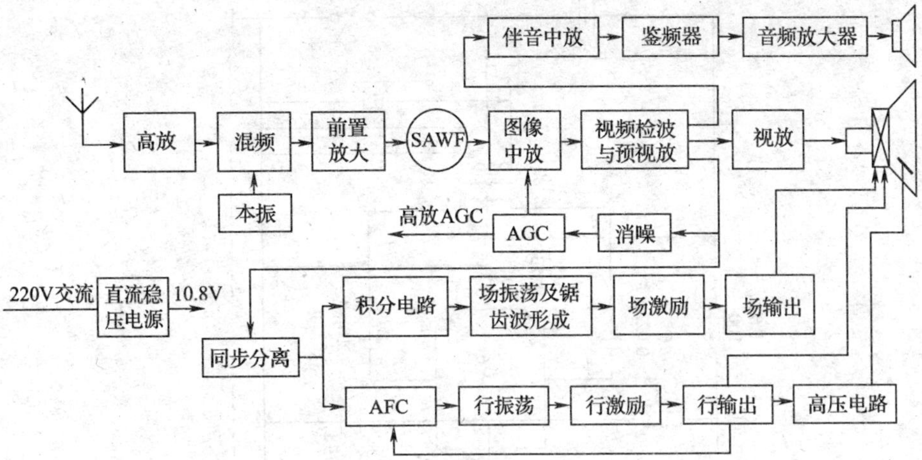

图 1—2　黑白电视机组成框图

AFC—自动频率控制　AGC—自动增益控制　SAWF—声表面波滤波器

联谐振回路实现选频作用。图中 C1a、T1 初级组成输入回路。经输入回路选频得到的高频信号经 T1 的耦合作用加到混频级 V1 三极管的基极。

作为超外差式收音机，要求本机振荡频率永远比输入回路所接收到的高频信号高出一个固定的中频 465 kHz，所以随输入高频信号的变化，本机振荡信号的频率也应随之改变，故双联电容 C1a 和 C1b 是同时变化的。

C1b、T2 组成选频回路，选出 465 kHz 的中频信号，送至中频放大级。

3）中频放大、检波和 AGC 电路。V2 和 T4 组成中频放大电路，其作用是将变频级输出的 465 kHz 的中频信号加以放大，并送到检波器中检波。V3 和 C5 组成检波电路，其作用是利用三极管的非线性，从中频 465 kHz 的调幅波中取出音频信号。AGC 电路的作用是将检波输出的直流电压分量加到中放级，通过负反馈作用，达到输入信号变化时输出不变的目的。

4）前置低放、功率放大。前置低放电路主要由 V4、T5 组成，进行音频电压放大；V5 和 V6 构成互补推挽功率放大器，对音频信号进行功率的放大，推动扬声器发声。

（2）黑白电视机电路图。黑白电视机电路图如图 1—4 所示。该电路工作原理如下：

1）高频调谐器（高频头）。高频调谐器是由高放电路、本机振荡和混频器组成，用一个金属屏蔽盒封装在一起，构成一个独立的器件。它的作用就是将天线接收下来的高频电视信号进行选择、放大、变频、输出固定中频的电视信号，其中图像中频为 38 MHz，伴音中频为 31.5 MHz。

高频调谐器按照调谐方式的不同可分为机械调谐和电子调谐两大类，现在的电视机均采用电子调谐方式。电子调谐器采用变容二极管调谐，开关二极管进行频段转换，具有调谐方便、无机械触点、一体化、小型化等特点，性能明显优于机械式调谐器。

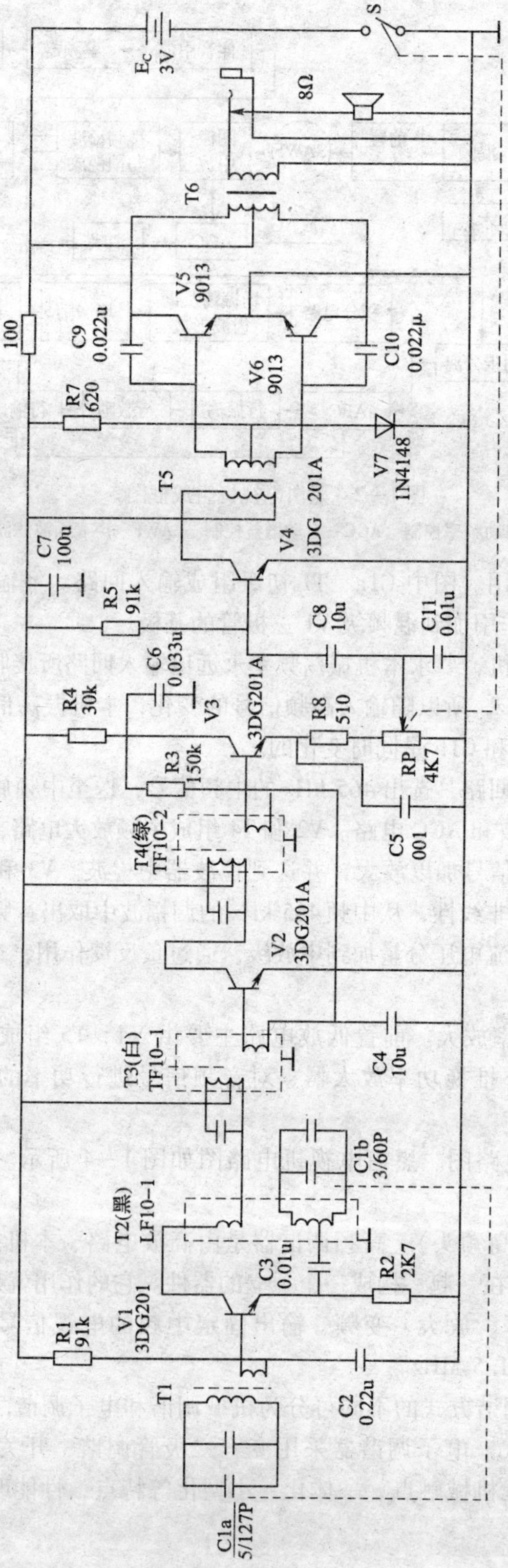

图 1—3 调幅收音机电路图

电子调谐器是利用变容二极管来进行调谐选择频道的，改变加在变容二极管两端的电压，就可以得到不同的等效电容量，使之谐振于不同频道，从而达到选台的目的。

如图1—5所示为变容二极管调谐电路示意图。图中，电感L和反向偏置的变容二极管VD组成调谐电路，VD的反向偏置电压来自电位器W对调谐电压V_1的分压；电阻R为限流电阻，防止流过变容二极管VD的电流过大；电容C用于隔断直流，以免直流调谐电压被电感L短路，C的容量取得很大，对交流信号来说可以看作短路。由于变容二极管电容变化范围的限制，不能覆盖整个VHF频段，于是将VHF频段分为低频段（V_L）和高频段（V_H），其中V_L包括1~5频道，V_H包括6~12频道。高频调谐器对V_L、V_H和UHF三者之间的转换采用直流电压控制下的开关二极管作为切换开关。

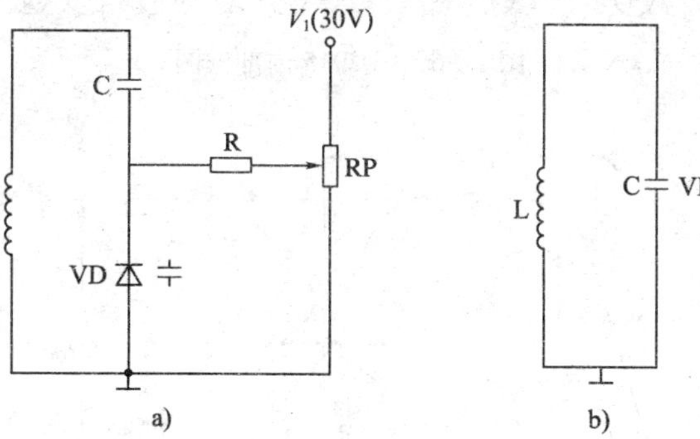

图1—5　变容二极管调谐电路

a）基本电路　b）等效电路

2）图像中频通道。图像中频通道是指图像中频放大、视频检波与预视放、视放电路、自动增益控制（AGC）电路、自动消噪（ANC）电路等，由图1—4可以看出，本机的这些电路都是由集成电路（IC）CD2915配合少量外部组件来完成的。如图1—6所示为CD2915内部框图。

图像中频通道各单元电路的作用及工作原理如下：

①图像中频放大电路。图像中频放大电路简称图像中放电路，它是由前置中放、声表面波滤波器（SAWF）和宽带放大电路组成，其作用是利用声表面波滤波器形成中放幅频特性，利用前置中放补偿声表面波滤波器对信号的损耗，同时对图像中频信号与伴音中频信号进行幅度放大，以满足图像检波所需要的电平。

a. 中放幅频特性。为了保证电视机重现图像和伴音有较好的质量，图像中频通道的幅频特性必须符合如图1—7所示的中放幅频特性的要求，即对31.5 MHz的伴音中频信号进行5%的放大，以防止伴音信号和图像信号的相互干扰，对30 MHz和39.5 MHz的邻近频道中频信号则进行深度吸收，38 MHz图像中频载频处于曲线高频端斜边的中点。在集成电路电视机中，这种特殊的幅频特性是由声表面波滤波器来完成。

b. 前置中放电路。由于SAWF的插入损耗较大，因此前置中放电路是为了补偿SAWF的插入损耗而设置的，SAWF与前置中放电路如图1—8所示。图中，高频调谐

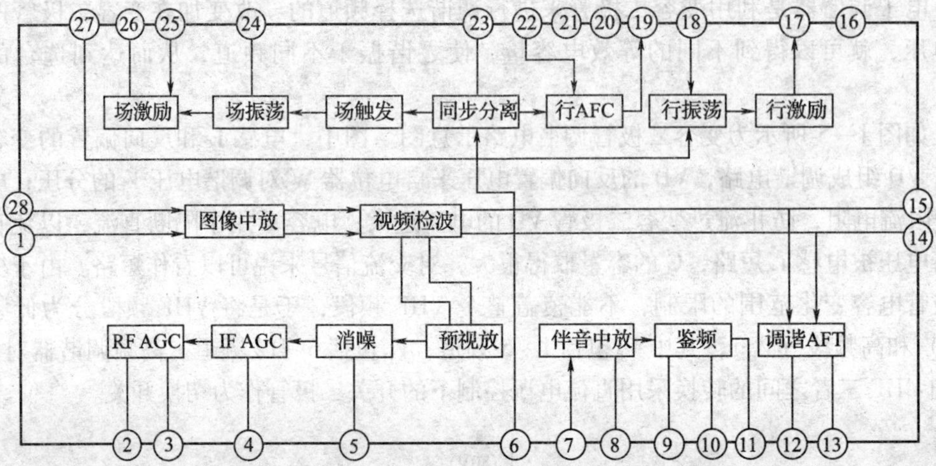

图 1—6　CD2915 内部框图

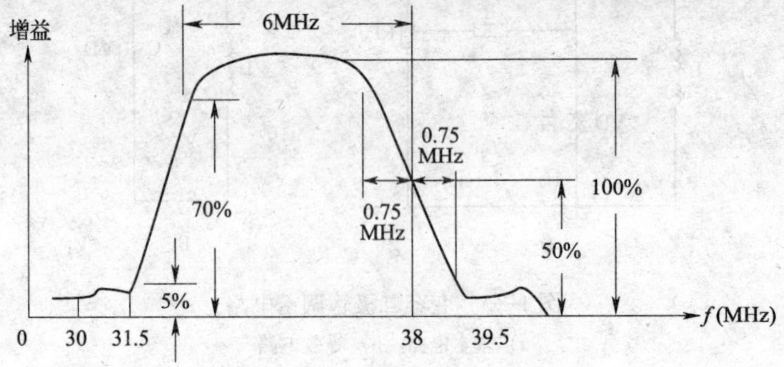

图 1—7　中放幅频特性曲线

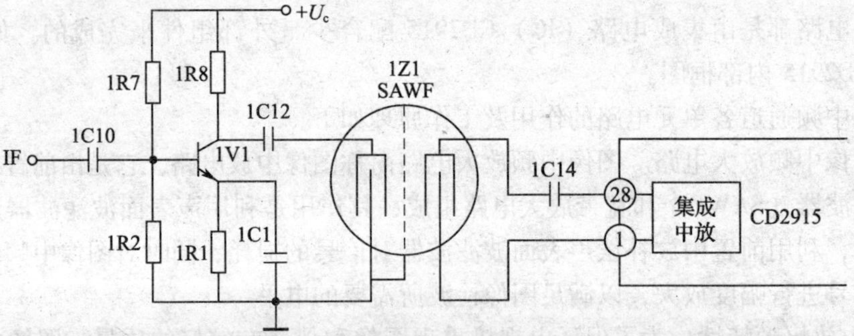

图 1—8　SAWF 与前置中放电路

器的中频输出端输出的中频（IF）信号，经耦合电容 1C10 送到前置放大器 1V1 进行预放大后，送至声表面波滤波器 SAWF 上，由 SAWF 处理后，将中频信号送入集成电路 CD2915 的①脚和㉘脚进行放大。

c. 图像中放电路。图像中放电路主要是放大 38 MHz 的图像中频信号和 31.5 MHz 的伴音中频信号，它是电视机总增益的主要提供电路，并应具有增益高、频带宽和选择性好的要求。本机中 CD2915 的图像中放电路由 3、4 级直接耦合差动放大器组成，由于各级之间均采用直接耦合，为避免各级之间工作点的相互影响，还设置了多级直流反馈电路，以抵消工作点的漂移。

②视频检波与预视放。视频检波器有两个作用：一是从图像中频信号中检出视频信号，然后送到视放级；二是利用检波器的非线性作用，将图像中频信号和伴音中频信号混频，得到 6.5 MHz 的第二伴音中频信号。

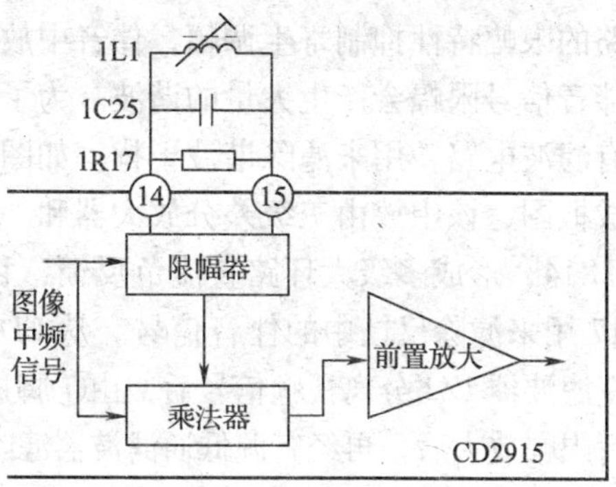

图 1—9　CD2915 组成的视频检波电路

由 CD2915 组成的视频检波电路如图 1—9所示，它的⑭脚和⑮脚外接的 1L1、1C25 和 1R17 组成 38 MHz 选频电路。在实际应用中，常常把 1L1 和 1C25 封装在一起，做成 38 MHz 陷波器直接使用。

预视放电路的作用是实现信号分离，即把视频信号送到视放输出级，并且通过消噪电路（ANC）将视频信号送往 AGC 电路和同步分离电路；另外，把第二伴音中频信号送到伴音电路。其基本原理框图如图 1—10 所示。

③视放电路。视放电路是将视频信号放大后送至显像管，控制显像管中电子束电流的强弱，在荧光屏上显示出图像。为了使显像管满幅度调制，需要峰 - 峰值为 50 ~ 80 V的调制电压，视放输出级需将幅度为峰 - 峰值 1 V 左右的视频图像信号放大到峰 - 峰值 50 ~ 80 V，因此，视放输出级的增益为 34 ~ 38 dB 左右。

④自动增益控制电路。AGC 电路的作用是当接收的高频信号强弱变化时，能自动控制高放级和中放级的电压增益，使检波后输出的视频信号幅度基本不变，保证电视机在不同场强下都能稳定地工作。

AGC 电路是对消噪电路送来的强弱不同的视频信号进行检波，变成强弱不同的直流电压，送到中放和高放电路，控制中放级和高放级的增益，使其增益随信号增强而降低，从而使检波输出信号电平稳定在 1 ~ 1.5 V，保证图像的稳定。AGC 电路的组成框图如图 1—11 所示。

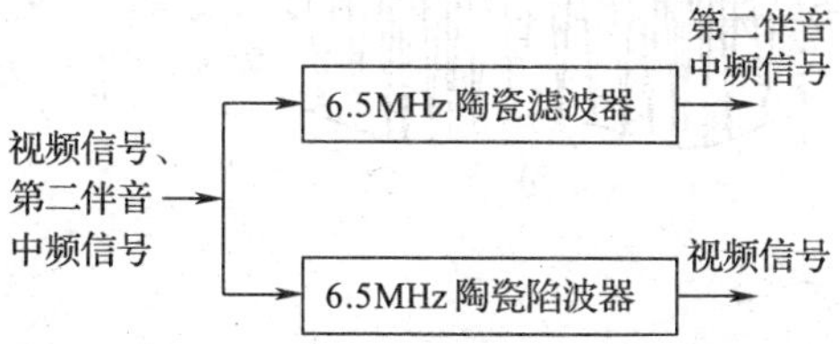

图 1—10　视频信号与伴音信号分离框图

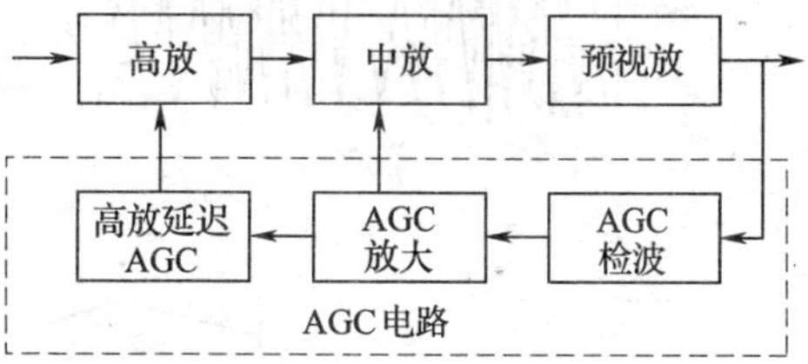

图 1—11　AGC 电路的组成框图

⑤自动消噪电路。ANC 电路的作用是消除混入视频全电视信号中的大幅度干扰脉冲，以避免 AGC 电路和同步分离电路的工作受其影响，提高图像的稳定性。

3）伴音通道。伴音通道由伴音中放、鉴频、音频放大等电路组成。其作用就是将第二伴音中频信号经伴音中放电路限幅放大后加至鉴频器，解调出音频信号，再经音频放大器进行电压和功率的放大，推动扬声器重放声音。

①伴音中放电路。集成电路伴音中放采用差分放大器放大伴音中频信号，利用差分电路的限幅特性抑制寄生调幅，伴音中放电路一般由三级差分放大器组成，该电路对调频伴音信号限幅会产生大量的谐波。为了避免对后面的电路形成干扰，伴音中放电路都配有滤波电路，用来滤除谐波干扰。如图 1—12 所示为集成电路 CD2915 伴音中放电路组成框图，该中放由三级差分放大器和一级有源低通滤波器组成，⑦脚和⑧脚之间接电阻 1R14，形成多级大环路直流负反馈，稳定三极管直接耦合差分中放的工作点；电容 1C17 用来滤除反馈中的伴音信号。从 CD2915 的⑤脚送来的第二伴音中频，经 6.5 MHz 陶瓷滤波器 1Z2 分离视频信号后，由⑦脚进入伴音中放电路，伴音中频信号经三级放大器进行限幅放大后，再经有源低通滤波器滤除谐波，将等幅的伴音调频信号送往鉴频电路。

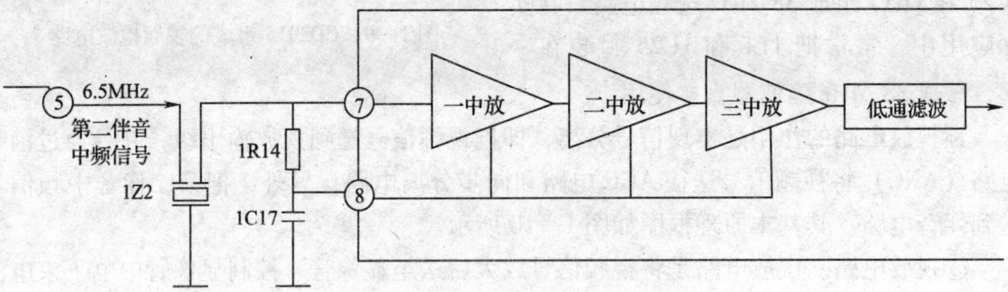

图 1—12　CD2915 伴音中放电路框图

单元 1

②鉴频电路。伴音鉴频电路的作用是从 6.5 MHz 的第二伴音中频调频信号中解调出音频信号。鉴频器由两部分组成，一部分是线性变换电路，另一部分是检波电路。其工作过程是先将等幅的调频波线性变换成调频—调幅波，使其幅度的变化正比于调频波的频率变化，即正比于音频调制信号的幅度变化，再采用一般的幅度检波解调出音频信号。鉴频过程如图 1—13 所示。

4）同步分离。同步分离电路的作用是从检波得到的视频全电视信号中取出复合同

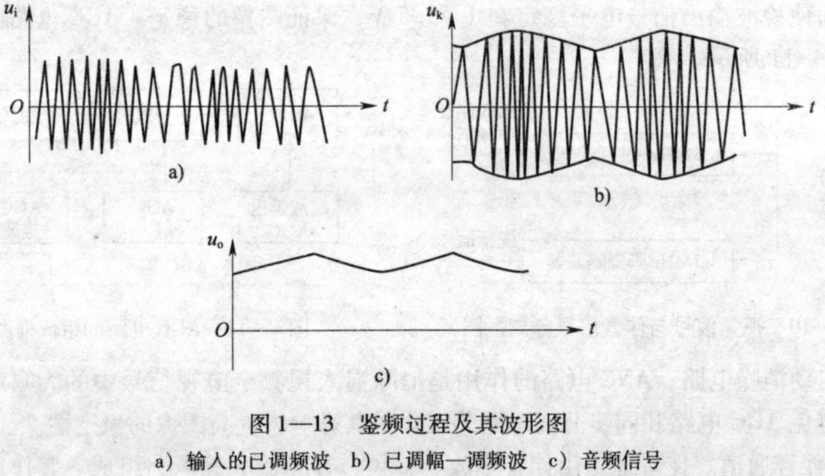

图 1—13　鉴频过程及其波形图

a）输入的已调频波　b）已调幅—调频波　c）音频信号

步信号，然后再将行同步和场同步信号分离，分别去控制行、场振荡电路，使扫描的频率和相位与发送端同步。在全电视信号中，同步信号的相对幅度最大，因此可利用幅度分离的方法将同步信号从全电视信号中分离出来。根据行、场同步信号脉冲宽度不同的特点，可将行、场同步信号分离，这种分离方法称为频率分离或脉冲宽度分离。

同步分离电路主要包括幅度分离电路和宽度分离电路两部分。由于宽度分离电路常采用积分电路组成，所以又称为积分电路。由预视放送来的视频全电视信号，送入幅度分离电路，其输出的复合同步信号分为两路：一路经积分电路取出场同步信号去控制场振荡器的频率和相位，使之与发送端同步；另一路送至自动频率控制（AFC）电路，产生一个误差校正电压去控制行振荡器的频率和相位，使行扫描规律与发送端一致。同步分离电路组成框图如图 1—14 所示。

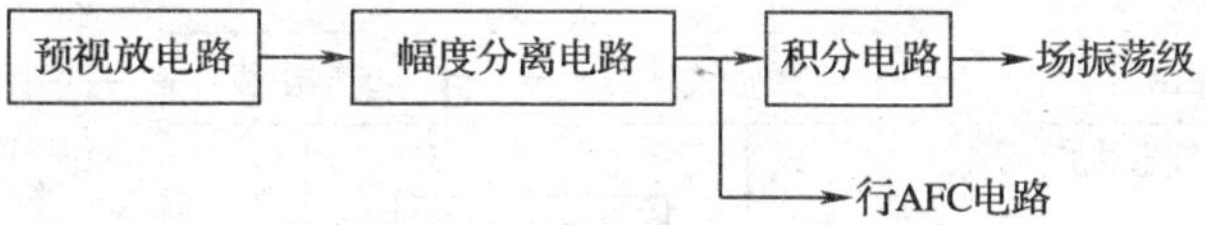

图 1—14　同步分离电路组成框图

①积分电路。复合同步信号由行同步信号和场同步信号组成，其中行同步脉冲的宽度为4.7 μs，频率为15 625 Hz；场同步脉冲的宽度为160 μs，频率为50 Hz。因此用积分电路可把场同步信号从复合同步信号中分离出来，直接控制场振荡电路的振荡频率和相位，使之与发送端同步，如图 1—15 所示为常用的两节 RC 积分电路。

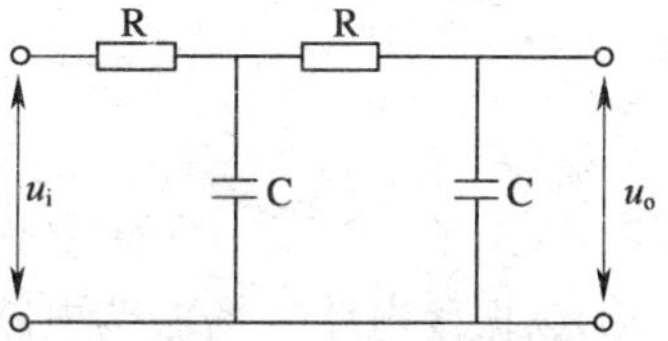

图 1—15　两节 RC 积分电路

②自动频率控制电路。AFC 电路的作用是用来保持行振荡信号的频率和相位与行同步信号一致，以实现同步。它主要是由鉴相器、低通滤波器和锯齿波形成网络组成的，其组成框图如图 1—16 所示。

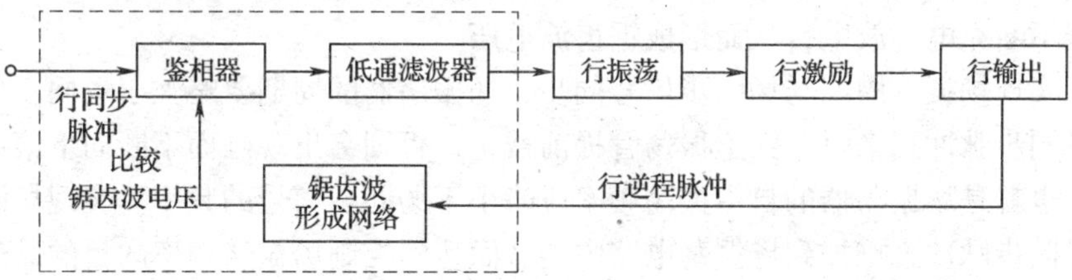

图 1—16　行 AFC 电路框图

AFC 电路本质上是一个频率（或相位）负反馈电路。从图 1—16 中可以看出，鉴相器有两路输入信号，一路是幅度分离电路送来的行同步脉冲，另一路是由行输出变压器提供的行逆程脉冲，经锯齿波形成网络后得到的比较锯齿波电压。鉴相器将锯齿波比较信号与行同步信号进行相位比较，产生误差控制电压。如果两个比较信号同频同相，则行扫描频率正确，误差电压为 0，振荡保持其固有频率；若行扫描频率不正确，则比较信号和行同步信号不同频同相，则鉴相器就产生一个与相位差成正比的误差电压送到低通滤波器中，滤除误差电压中的干扰和交流分量，输出平滑的平均误差电压 U_{AFC}，去改变行振荡器的振荡频率和相位，直到与行同步信号的频率和相位保持一致，实现行扫描同步。由于该误差电压是处于一个闭合的环路中，因此形成了自动频率控制电路。

5）场扫描电路。场扫描电路由场振荡及锯齿波形成电路、场激励电路以及场输出电路组成。其组成框图如图 1—17 所示。

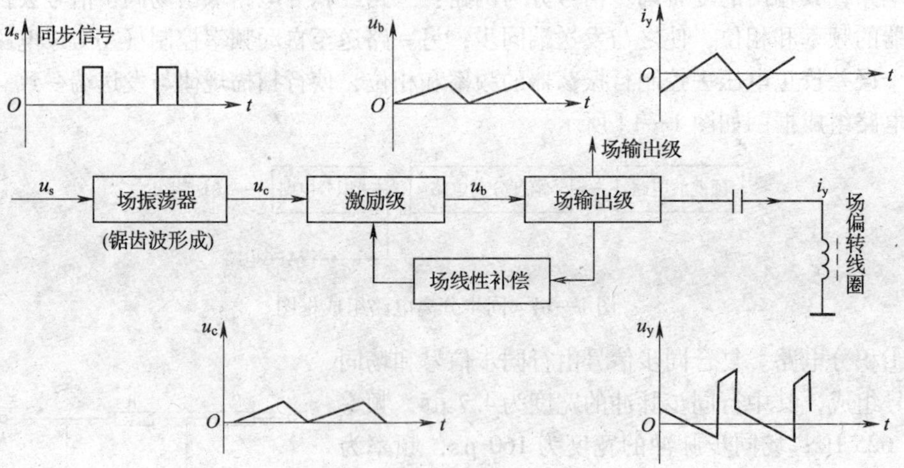

图 1—17　场扫描电路组成框图

①场振荡电路。场振荡电路的作用是产生频率受场同步信号控制的场频脉冲。其振荡电路由两部分组成：一部分是自激脉冲振荡器，振荡器在接通电源后，利用电路自身的强烈正反馈作用，形成持续的脉冲振荡。为了产生矩形脉冲电压，振荡管必须工作在饱和与截止的工作状态，当有场同步脉冲加入时，振荡器的振荡频率便被同步，产生的脉冲信号频率为 50 Hz。另一部分是 RC 锯齿波电压形成电路，将 RC 网络置于振荡器的输出端，当矩形脉冲波通过由 RC 组成的锯齿波形成电路时，利用振荡管的开关状态，使电容器不断充电、放电，从而形成锯齿波电压。

为了实现场振荡周期与场同步信号同步，场振荡器的周期要略大于场同步信号的周期。当场同步脉冲到来时，强迫振荡管提前截止，否则会出现画面不断向下滚动的不同步现象，也就是场振荡器的自由振荡频率应略小于场同步信号的频率。实现场同步的方法是将场同步脉冲直接加到场振荡电路中，从而达到控制场振荡频率的目的。

②场激励电路。场激励级的作用是将振荡级输出的锯齿波电压进行整形放大，以满足场输出级对输入信号幅度的要求，同时还起到缓冲隔离的作用。另外，由于增大了整个场扫描电路的增益，可以采用足够大的负反馈进行线性补偿，改善了场扫描的线性及场扫描电路的稳定性。

③场输出电路。场输出级的作用是对激励级送来的锯齿波电压进行功率放大，为场偏转线圈提供一个线性良好、幅度满足需求的锯齿波电流，使电子束完成垂直扫描。另外，该电路还为亮度电路提供场逆程脉冲，用于场扫描逆程期间的消隐，防止屏幕上出现回扫亮线。

场输出级是一个功率放大器，其负载是场偏转线圈，目前常采用互补型无变压器输出（OTL）电路作场输出级。如图 1—18 所示为互补对称 OTL 场输出级电路的等效电路。图中，V2、V3 是一对互补对称场输出管；V1 是激励管，工作在线性放大状态；Ly 是场偏转线圈，在场频下可看作电阻性负载；C 为耦合电容，将 V2 和 V3 形成的锯齿波电流送往偏转线圈，同时隔断直流，还兼有 S 形校正作用。一般情况下将 *A* 点的静态电压调整为电源电压的一半。

场输出级电路的工作过程如下：当向 V1 基极送入一个正极性场频锯齿波电压时，在其集电极 *B* 点得到一个负极性锯齿波电压，作为互补对称管的激励信号，在（t_0 ~ t_1）期间，V2 正向偏置而导通，V3 反向偏置而截止，V2 的集电极电流 i_{c2} 从电源端流入，通过 V2 向电容 C 充电，充电电流流过 Ly，形成锯齿波电流的正程前半段；在（t_1 ~ t_2）期间，V3 正向偏置而导通，V2 反向偏置而截止，此时 V3 的集电极电流 i_{c3} 以电容 C 放电的形式流过 Ly，形成锯齿波电流的正程后半段；同理，在（t_2 ~ t_3）期间，A 点电压大于 *B* 点电压，V3 处于导通状态，形成锯齿波电流逆程的前半段；在（t_3 ~ t_4）期间，V2 导通，i_{c2} 在 Ly 中形成锯齿波电压的后半段。由此可见，在场频锯齿波激励信号的作用下，V2、V3 交替工作，使场偏转线圈得到一个线性变化的锯齿形电流。偏转线圈中电流的波形如图 1—19 所示。

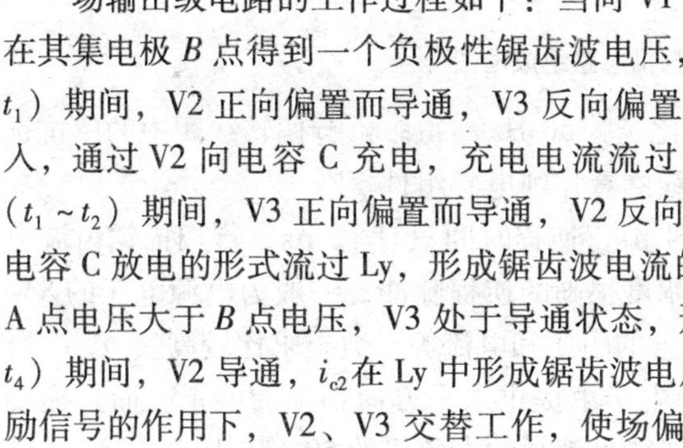

图 1—18　OTL 场输出级电路

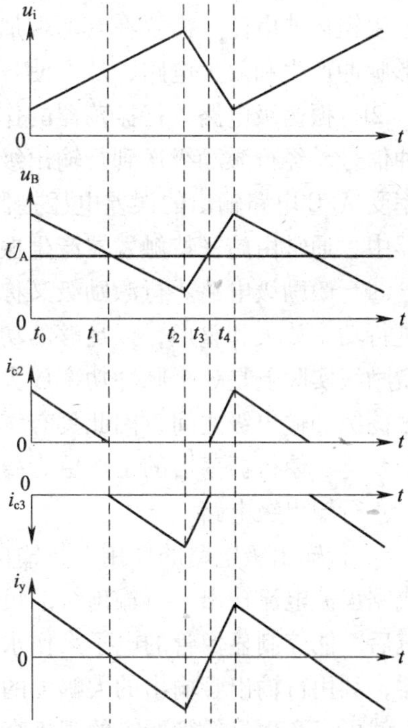

图 1—19　偏转线圈中锯齿波电流的波形

6）行扫描电路。行扫描电路是由行振荡级电路、行激励级电路、行输出级电路、行输出变压器以及高、中压的整流滤波电路组成。其组成框图如图 1—20 所示。

①行扫描电路的特点

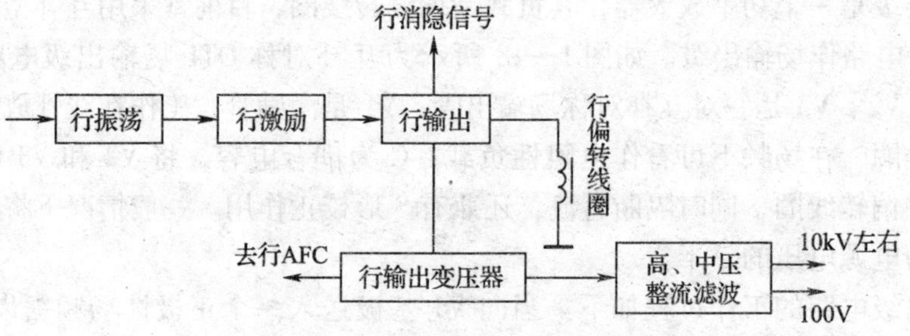

图 1—20 行扫描电路组成框图

a. 工作频率高。由于行频 15 625 Hz 比场频 50 Hz 高得多，行偏转线圈中的感抗远远大于电阻分量，所以可近似地把行偏转线圈看作纯电感组件。

b. 逆程反峰电压高。行扫描周期为 64 μs，逆程时间只有 12 μs，行扫描锯齿波电流的快速回扫，将在行偏转线圈两端产生幅度很高的逆程脉冲，一般为电源电压的 8 ~ 10 倍。由于逆程高压的存在，将对行输出管的耐压和电流等参数要求比较高。

c. 功率消耗大。行扫描电路不仅要向电子束提供水平方向扫描的能量，而且还要向显像管提供高、中、低压。行扫描电路的能量消耗约占整机的 50% 以上。

d. 行扫描各级电路都工作在开关状态。由于行频很高，要在纯电感的行偏转线圈中产生锯齿波电流，需要在其两端加上矩形脉冲电压。所以，行扫描各级电路实际上是矩形脉冲产生和放大电路，从而使各级电路都工作在开关状态。

②行振荡级电路。行振荡器的作用是产生周期为 64 μs、宽度为 18 ~ 20 μs 的矩形脉冲信号，经行激励级送到行输出级，控制行输出管工作在开关状态。行振荡器的振荡频率受 AFC 电路输出的误差电压控制，以保证行扫描与发送端同步。在集成电路行振荡器中，通常由施密特触发器产生振荡信号。

③行激励级电路。行激励级又称为行推动级，它的作用是将行振荡器送来的脉冲信号进行功率放大和整形，以足够的功率去激励行输出管，使其工作在开关状态。因此，行激励级实际上是一个脉冲功率放大器，它也工作在开关状态。另外，由于行激励级处于振荡级和输出级之间，因此具有缓冲放大作用，它可以消除负载变化引起的行振荡频率的变化，使行振荡器的工作更为稳定。

④行输出级电路

a. 行输出级电路的作用。行输出级电路的作用是将从行激励级送来的开关信号变换成锯齿波电流输出。行输出级的负载之一是行偏转线圈，当偏转线圈流过行频锯齿形电流后，能控制显像管的电子束作水平方向的扫描。行输出级的另一路负载是行输出变压器，利用行输出管输出的大幅度的逆程脉冲，经行输出变压器升压，再进行整流、滤波，就可以产生显像管所需的阳极高压和加速极、聚焦极及视放末级所需的中等电压。同时，利用行输出变压器取得小信号处理电路所需的 12 V 电压和 6. 3 V 显像管灯丝电压。

b. 行输出级基本电路及等效电路。行输出级基本电路及等效电路如图 1—21 所示。图中 V 为行输出管，在基极输入矩形脉冲的作用下工作在开关状态，可用开关 S 来等

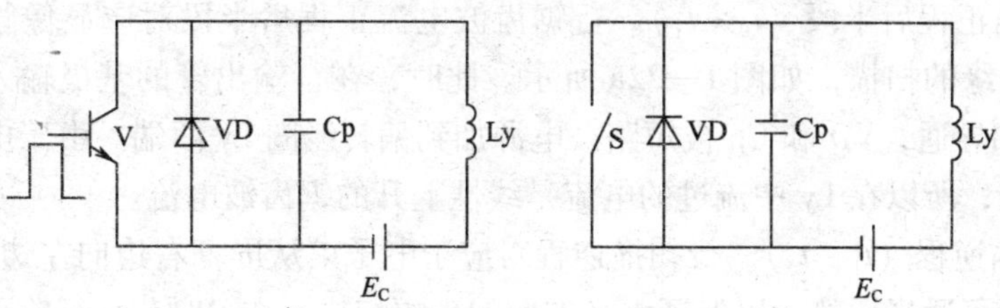

图 1—21 行输出级基本电路及等效电路

a）基本电路 b）等效电路

效，VD 为阻尼二极管，Cp 为行逆程电容，Ly 为行偏转线圈，E_C 为行输出级工作电源。

c. 行频锯齿波电流的形成。行输出级的工作波形如图 1—22 所示。

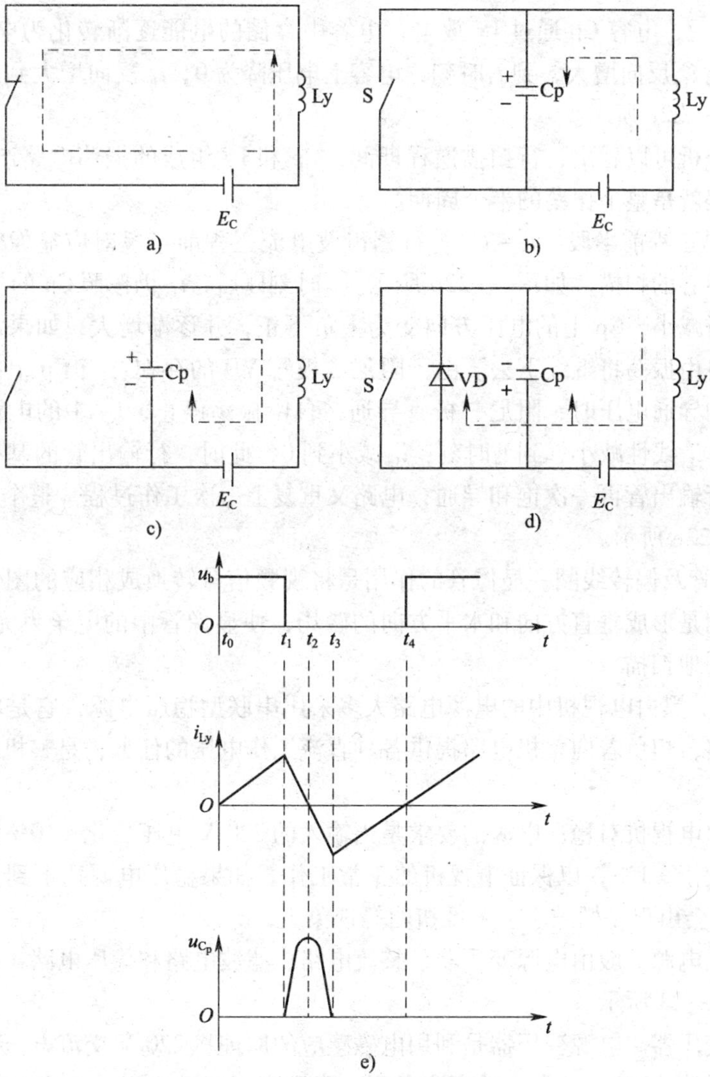

图 1—22 行输出级电路的工作原理及波形

（a）扫描正程后半段（$t_0 \sim t_1$）。行锯齿波电流正程后半段对应显像管电子束从屏幕中心至右边缘的扫描，如图1—22a所示。此时，在行输出管的基极输入高电平，行输出管V饱和导通，VD和Cp被短路，电源加到偏转线圈Ly两端。由于电感线圈中的电流不能突变，所以在Ly中流过的电流是线性上升的锯齿波电流。

（b）扫描逆程（$t_1 \sim t_3$）。行扫描逆程对应于电子束从屏幕右边向左边的回扫过程。逆程时间一般可适当调整，以保证水平方向的满幅扫描。在t_1时刻，行输出管的基极输入电压跳变为低电平，使行输出管V截止，相当于开关S断开。由于Ly中的电流不能突变，i_{Ly}将保持原来的方向给逆程电容Cp充电，方向上正下负，电感中的磁能转变为电容中的电能，Cp上的电压逐渐上升，到t_2时刻，电容上的电压达到最大，这就是逆程反峰电压，此电压一般能达到电源电压的8~10倍，此时i_{Ly}降为0。其工作过程如图1—22b所示。

t_2时刻以后，电容Cp通过Ly放电，电容中存储的电能逐渐转化为电感中的磁能，电感中的电流i_{Ly}反向增大，到t_3时刻，电容上电压降为0，i_{Ly}反向增大到最大值。其工作过程如图1—22c所示。

由以上分析可以看出，行扫描逆程期间，Cp和Ly组成的振荡电路产生自由振荡，而扫描的逆程就是整个振荡的半个周期。

单元 1

（c）扫描正程前半段（$t_3 \sim t_4$）。行锯齿波电流正程前半段对应显像管电子束从左边缘至屏幕中心的扫描，如图1—22d所示。t_3时刻以后，i_{Ly}仍按照Cp的放电方向给Cp充电，i_{Ly}逐渐减小，Cp上的电压方向变为上负下正，并逐渐增大，如果没有阻尼二极管的存在，自由振荡将继续下去。由于阻尼二极管VD的存在，当Cp上的电压增大到阻尼二极管的导通电压时，阻尼二极管导通，自由振荡停止，Ly中的电流流过电源和阻尼二极管，i_{Ly}线性减小，到t_4时刻，i_{Ly}减小到0，此时，行输出管的基极电压又跳变为高电平，行输出管再一次饱和导通，电路又重复上一次工作过程。整个工作过程对应波形如图1—22e所示。

7）显像管及偏转线圈。显像管的作用是将视频信号转换成相应的图像光信号。偏转线圈的作用是形成垂直方向和水平方向的磁场，使显像管中的电子束完成从左到右、从上到下均匀地扫描。

8）电源。黑白电视机中的电源电路大多采用串联型稳压电源，它是电视机工作电源的产生电路，担负着向整机电路提供各种直流工作电压的任务，是整机电路正常工作的动力源。

一般黑白电视机对稳压电源的要求是当输入的220 V电压变化±10%时，输出电压的变化不能大于±1%，以保证电视机的正常工作。如果稳压电源达不到上述要求，当220 V下降时会出现光栅缩小、图像扭曲等现象。

直流稳压电源一般由电源变压器、整流电路、滤波电路和稳压电路4部分组成，组成框图如图1—23所示。

①电源变压器。电源变压器是利用电磁感应的原理将220 V交流电压降低到规定的电压。若负载欲获得10 V左右的直流电压，降压变压器的次级输出空载交流电压一般应在14~19 V之间。

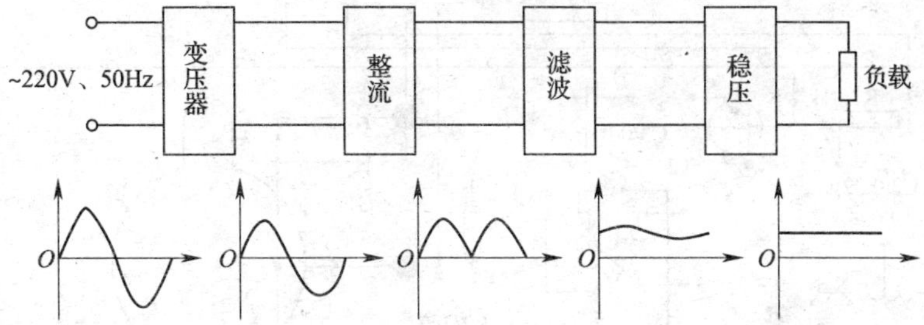

图 1—23　直流稳压电源的组成框图

②整流电路。整流电路是利用二极管的单向导电性，将电源变压器次级输出的交流电压转换成单方向的脉动直流电压，常用的整流电流为桥式整流电路。

③滤波电路。为了平滑整流后的脉动直流电压，降低纹波，在整流电路后面一般都加有滤波电路。在黑白电视机的电源电路中，由于负载电流较大，一般采用大容量的电解电容器进行简单滤波，电容的滤波过程是通过充放电来实现的。

④稳压电路。经过整流、滤波以后，虽然已将交流电变成了直流电，但脉动成分还很大，如果直接用于电视机中，会产生交流声及图像抖动、扭曲等现象，因此还需要经过稳压电路进行稳压。稳压电路的作用是当输入电压或负载在一定范围内变化时，能保持直流电压稳定不变的自动调节电路。黑白电视机由于功耗较大，故采用串联型稳压电路。串联型稳压电路组成框图如图 1—24 所示。

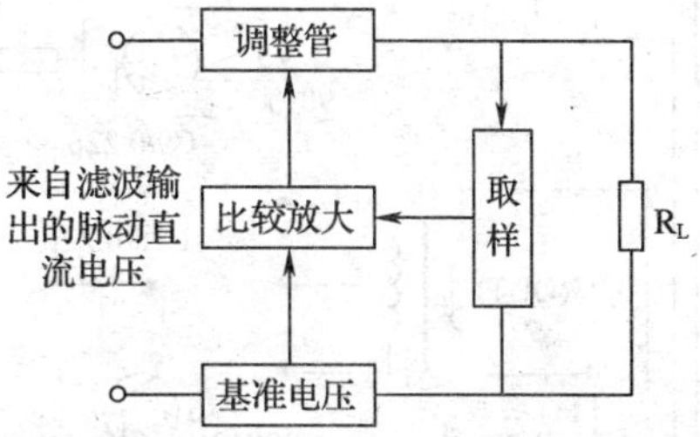

图 1—24　串联型稳压电路组成框图

该电路由取样电路、基准电压、比较放大和调整管 4 部分组成。取样电路的作用是对稳压电路的输出进行检测，取出电压高、低波动信息，送入比较放大电路；基准电压电路产生一个稳定的电压，供比较放大电路作比较用的标准；比较放大电路将取样电路送来的检测电压同基准电压进行比较，并对比较后产生的误差电压进行放大，放大后的误差电压控制调整管的输出电流，利用输出电流的变化维持负载 R_L上的电压不变。由于串联型稳压电路具有放大误差的功能，很小的输出电压变化就可以引起调整管输出较大的调整电流，因此稳压效果好，同时改变取样电压的大小，就可以改变稳压电路输出电压的大小。

3．整机印制电路板图

（1）调幅收音机印制电路板图。调幅收音机整机印制电路板图如图 1—25 所示。

（2）黑白电视机印制电路板图。黑白电视机整机印制电路板图如图 1—26 所示。

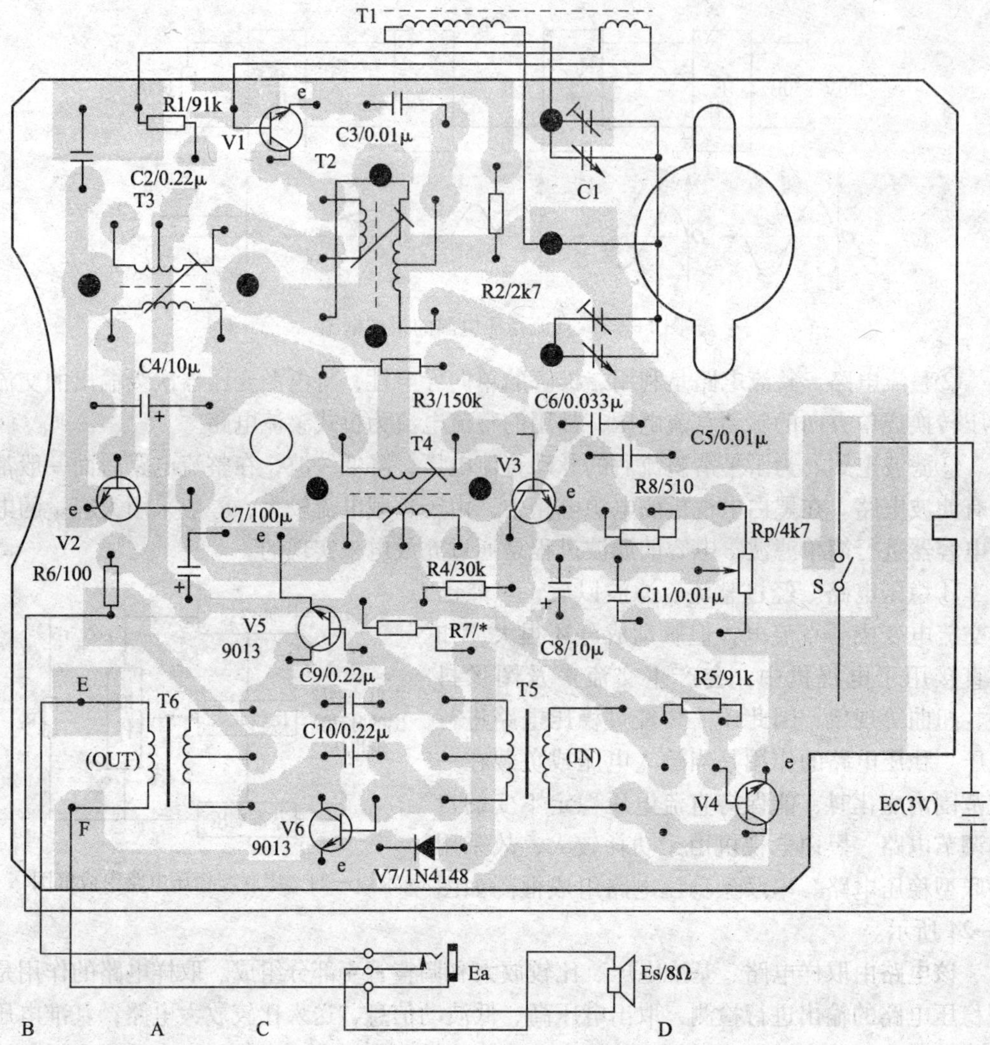

图 1—25　调幅收音机印制电路板图

二、整机调试说明识读

1. 检查各种调试文件是否齐备

（1）技术文件。从事电子产品的安装和调试离不开电气图（如电路图、框图、印制电路板图等），以及各种技术表格和文字，这些图、文、表统称为技术文件。了解技术文件的组成、要求及特性，是正确进行电子产品的调试、检测工艺的重要环节。

将技术文件按分工分类，可分为设计文件和工艺文件。设计文件是产品在研究、设计、试制和生产过程中积累而形成的图样及技术资料，它规定了产品的组成形式、结构尺寸、原理，以及制造、检验、使用、维护和修理时所必需的技术数据和说明，是生产的基本依据。设计文件通常包括零件图、装配图、外形图、安装图、总布置图、框图、逻辑图、电路图、接线图、线缆连接图、机械图、机械传动图、技术说明书、技术文件、使用说明、表格、明细表、整件汇总表、附件及工具汇总表、成套运用文件清单以及其他文件等。

工艺文件是具体指导和规定生产过程的技术文件。它是企业实施产品生产、产品核算、质量控制和加工产品的技术依据，是确保优质、高产、多品种、低消耗和安全生产的重要手段。工艺文件通常包括封面、文件目录、工艺线路表、导线及线扎加工表、装配工艺卡、调试指导书、检验工艺过程卡、工艺说明简图、工艺文件更改通知单等。

（2）检查调试文件是否齐全。电子产品是由众多的元器件组成的，由于各元器件的性能参数存在允许误差，电路设计的近似性，再加上装配过程中其他随机因素的影响，使得装配完成的产品在性能方面有较大的差异，通常达不到设计规定的功能和性能指标，这就要求在整机装配完毕后要进行调试。

在调试之前，首先要检查各种调试文件是否齐备，包括所有技术文件，特别是调试指导书，同时还要将调试所需的仪器设备准备齐全，随时处于可用的状态，另外，还要了解待调试的整机设备的基本工作原理。

2．整机调试内容及过程

（1）整机调试内容。整机调试包括调整和测试两部分内容。调整主要是对电路参数的调整，一般是对电路中可调元器件，如可变电阻器、可变电容器、三极管等以及机械部分进行调整，使电路达到预定的功能和性能要求；测试主要是对电路的各项技术指标和功能进行测量和试验，并同设计的性能指标进行比较，以确定电路是否合格，它是电路调整的依据，又是检验结论的判断依据。实际上，电子产品的调整和测试是同时进行的，要经过反复地调整和测试，产品的性能才能达到预期的目标。

（2）整机调试过程。整机调试的过程可分为通电前的检查（调试准备）和通电调试两大阶段。对于较复杂的产品，还可进一步分为单元部件调试和整机调试两大阶段。

1）通电前检查。在电路板安装完毕后进行测试前，必须在不通电的情况下对线路板进行认真仔细地检查，以便发现和纠正比较明显的安装错误，避免盲目通电可能造成的电路损坏，重点应检查的项目有以下 5 个方面：

①电源的正、负极是否接反，有无短路现象，电源线、地线是否连接可靠，插接件是否准确牢固等，这些可用万用表电阻挡进行检查。

②元器件的型号、参数是否有误，引脚之间有无短路现象；有极性的元器件，如二极管、三极管、电解电容器、集成电路等的极性或方向是否正确。

③连接导线有无接错、漏接、断线等现象。

④电路板各焊接点有无漏焊、连焊、短路现象。

⑤用万用表的电阻挡测量电源的正、负极之间的正、反向电阻值，以判断是否存在严重的短路现象。

2）通电调试。通电调试包括测试和调整两个方面。测试的目的是了解电路实际工作状态，获得电路各项主要性能指标的数据，提供调整电路的依据。调整的目的是使电路性能达到设计要求，对于较复杂的电路调试通常采用先分块调试，然后进行总调试。通电调试包括通电观察、静态调试和动态调试。

①通电观察。将符合要求的电源正确地接入被调电路，观察有无异常现象，如发现

打火、放电、冒烟、有异常气味以及元器件发烫等现象时，应立即切断电源，检查电路，排除故障后，方可重新接通电源进行测试。

②静态调试。静态调试是指在不加入输入信号（或输入信号为零）的情况下，进行电路直流工作状态的测量和调整。常见的测量和调整主要包括以下几个方面。

a. 电源供电电压测试。电源电路输出的电压是用来给各单元电路供电的，如果输出电压不准确，则各单元电路的静态工作点也不准确。电源电压测试分为空载测量和带载测量，标准输出电压应以接入负载时为准，空载测量时的电压一般要高一些。

b. 单元电路工作电流测试。通过测量单元电路的工作电流，就可以判断单元电路的工作状态。若电流偏大，则说明电路有短路或漏电现象存在；若电流偏小，则电路有可能没有正常工作。需要注意的是，在进行电流测试时，首先应检查电路有无检测缺口，如果没有检测缺口，可用小刀将测试点印制电路切开，然后将万用表串入测试电路中。

c. 三极管各极对地电压测量。通过测量三极管各极对地电压判断三极管的工作状态（放大、饱和或截止），如果测试点电压不满足要求，可对偏置进行适当的调整，以满足工作状态的需要。

d. 集成电路（IC）各引脚静态电压的测量。在保证外部元器件安装正确的情况下，集成电路各引脚对地电压基本上反映了内部工作状态是否正常，只要将所测得电压与正常电压进行比较即可作出判断。

e. 数字电路逻辑电平测量。数字电路的静态测试就是当输入端设置成符合要求的高（或低）电平时，测量电路各点的电位值及逻辑关系等。

一般情况下通过静态调试可以及时发现已损坏的元器件，判断电路工作情况并及时调整电路参数，使电路工作状态符合设计要求。

③动态调试。动态调试必须在静态调试合格的情况下进行。所谓动态调试就是在电路的输入端接入适当频率和幅度的信号，循着信号的流向逐级检测电路各测试点的信号波形和有关参数，并通过计算的结果来估算电路性能指标，必要时进行适当的调整，使指标达到要求。若发现整机工作不正常，应先排除故障，然后再进行动态测量和调整。

3）整机调试。整机调试是在单元电路、部件调试的基础上进行的。各单元电路、部件的综合调试合格后，装配成整机或系统。整机调试的过程包括外观检查、结构调试、通电检查、电源调试、整机统调、整机技术指标综合测试以及例行试验等。

（3）通电调试注意事项

1）测试时要先接电路后通电，遇到故障或调试结束时，应先断电再拆电路，调试时要注意测试表棒的位置，避免元器件引脚之间短路。

2）要注意测量仪器的安全使用。如万用表在使用时要注意量程及极性，使用完毕后应将量程放到交流电压最高挡或空挡，切忌不能放到电阻挡；示波器、频率计、电压表等仪器在使用时，其输入信号端的幅度不能超过其量限，否则容易烧坏仪器。检查各种设备外壳是否可靠接地。

3）断开电源开关不等于切断电源，只有拔下电源插头才是真正切断了电源。

4）不通电不等于不带电。对于大容量的电容器或超高压电容器只有进行放电操作后才可以认为不带电。如显像管的高压嘴，由于管锥体内外壁构成的超高压电容的存在，即使断电数十天，其高压嘴上仍然会带有很高的电压，虽然其电流不大，不至于危及生命，但对人体会产生强烈的电刺激，使人不由自主地产生连锁反应，也会带来严重后果。

第二节　调试工艺环境的设置

培训目标

→ 能够检测整机测量使用的仪器仪表
→ 能够合理连接调整测试系统

一、整机测量使用的仪器仪表准备

1. 列出仪器仪表的清单

在整机测量过程中常用的仪器仪表主要有万用表、毫伏表、示波器、高频信号发生器、调频调幅中频扫频仪、频率特性测试仪、失真度测量仪、电视信号发生器等。

2. 仪器仪表的使用及注意事项

（1）指针式万用表。指针式万用表在测量中得到了广泛应用，它可以用来测量电压、电流、电阻，有些还具有测量电容、电感、二极管、三极管等功能。指针式万用表的使用注意事项如下：

1）使用前应检查指针是否指在零位，若不指在零位，可旋转表头下方的机械调零旋钮，使指针指在零位。

2）每次更换电阻挡位进行测量之前，都必须先调零。

3）在电路中测量电阻时，必须先切断电源。

4）测量高电压和大电流时，为避免烧坏开关，应在切断电源的情况下变换量程。

5）测量未知的电压或电流时，应先选择最高电压或电流量程，待第一次读取数值后且断电，方可转至适当位置，以取得较准确的读数，并且避免烧坏电路。

6）定期检查表内电池，发现电池无电流或电压不足应及时更换，以保证电阻挡测量准确。若长期不用，应取出电池，以防电液溢出而腐蚀损坏其他零件。

（2）数字式万用表。数字式万用表是目前常用的一种数字化仪表，可以用来测量电压、电流、电阻、电容、二极管、三极管 h_{FE}、音频频率、温度等。它具有数字显示，读取直观、准确，可避免指针式万用表的读数误差；分辨率高；测量速度快；输入阻抗和集成度高；测试功能、保护电路齐全；功率损耗小；抗干扰能力强。数字万用表的使用注意事项如下：

1）测量电流时，应将表笔串接在被测电路中；测量电压时，应将表笔并接在被测电路中。

2）不能测量高于 1 000 V 的直流电压和高于 700 V 的交流电压。

3）测量高电压时，要注意避免触电。

4）测量电流时，若显示器显示“1”，表示过量程，量程转换开关应及时置于更高量程。

5）更换电池或熔丝管时，应检查确信测试表笔已从电路中断开，以避免电击。

（3）晶体管毫伏表。晶体管毫伏表是用来测量正弦交流电压有效值的常用仪表。它具有高灵敏度、高输入阻抗及高稳定性等优点。下面以 DA－16 型晶体管毫伏表为例进行介绍。

DA－16 型晶体管毫伏表面板示意图如图 1—27 所示。毫伏表电压测量范围在 100 μV～300 V 之间，可分为 12 挡：1 mV、3 mV、10 mV、30 mV、0.1 V、0.3 V、1 V、3 V、10 V、30 V、100 V、300 V，被测电压频率范围在 10 Hz～2 MHz 之间。

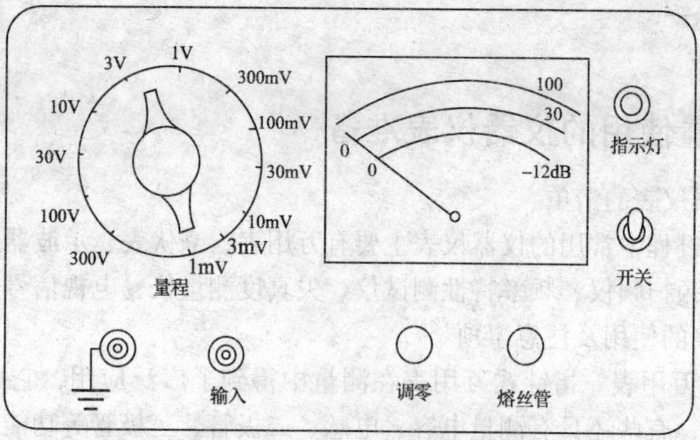

图 1—27　DA－16 型晶体管毫伏表面板示意图

1）使用方法

①晶体管毫伏表在接通前要先进行调零。调整调零螺钉，使表头指针指在零位。

②仪器通电后要进行电气调零，使表的测量输入端短路，同时将量程转换于适合测量的范围，然后调节调零旋钮，使表头指针指于零位，方可进行测量（本表可自动调零）。

③接通电源，数秒钟内指针有所摆动，然后稳定。

④在测试交流电压时，若不知被测电压的大小，应将量程选择在最大挡，然后再减小，调至适合读取为止。

⑤毫伏表的输入端有一端是接地的，在测量电压时，应与被测电路的公共接地点相连接。

⑥更换挡位测量交流电压时，每次都必须重新调零。

⑦毫伏表表盘上的刻度线，前两条用于测量电压，第三条用于测量电平。

2）使用注意事项

①接通电源时，应将毫伏表的测量输入端短接，或者将挡位置于较大的电压挡（10 V 以上）。

②不可以用低电压挡测量高于该挡的电压值。

③测量时，被测电压的直流分量应不大于250 V。

④测试时，仪器或电路的地线应与毫伏表的地线接在一起，使用的连线要短，最好使用屏蔽线。

⑤测量市电时，选用300 V挡，将地线接零，另一根测试线接火线。

⑥对于20 Hz以下或1 MHz以上的交流电，或非正弦交流电，不宜使用晶体管毫伏表进行测量。

⑦在测量电压时，应首先接地线，再接另一根线，以免因感应电压使仪表过载；测量完毕，应按照相反的次序取下。

（4）示波器

1）示波器的校准

①亮度、聚焦、移位旋钮居中，扫描速度置0.5 ms/div、微调为校正位置，垂直灵敏度置10 mV/div、微调为校正位置，触发源内置且垂直方式为CH1，耦合方式置于“AC”，触发方式置“自动”。

②通电预热，调节亮度、聚焦、光迹旋钮，使光迹清晰并与水平刻度平行（不宜太亮，以免示波管老化）。

③用10∶1探头将校正信号输入至CH1输入插座，调节CH1移位与X移位，使波形与图相符合，观察如图1—28所示校准方波。

④将探头换至CH2输入插座，垂直方式置于“CH2”，重复③条操作，得到与图相符合的波形。

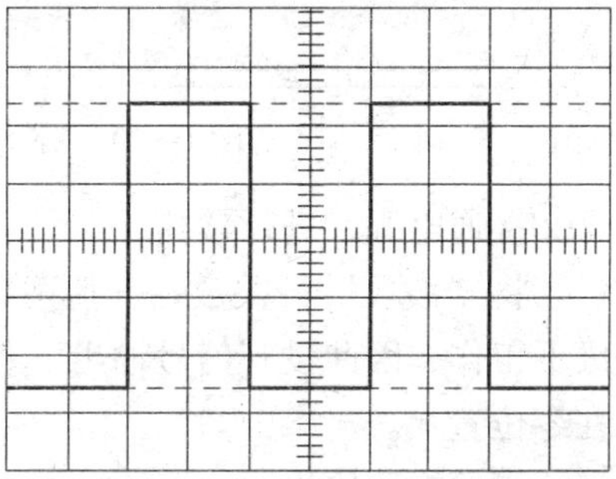

图1—28　示波器校准方波

2）探头操作

①为减少仪器对被测电路影响，一般使用10∶1探头，衰减比为1∶1的探头用于观察小信号。探头上的接地和被测电路地应采用最短连接，在频率较低，测量要求不高的情况下，可用面板上接地端和被测电路地连接，以方便测试。

②由于示波器输入特性的差异，在使用10∶1探头测试以前，必须对探头进行检查和补偿调节。当校准时，如发现方波前后出现不平坦现象时，应调节探头补偿电容。

3）示波器的使用注意事项

①使用前，应利用校准方波校准。

②使用时，显示波形不允许超过荧光屏范围。

③测试电压峰－峰值不允许超过400 V。

④定量观测时，微调旋钮必须放在校准位置。

（5）高频信号发生器

1）高频信号发生器的使用。高频信号发生器作为正弦信号源，可以为高频电子线路的调试提供所需的各种模拟射频信号，广泛应用于调试及校准接收设备等测量工作。XFG－7型标准信号发生器面板示意图如图1—29所示。

①准备工作。将各开关和旋钮旋到起始位置，电压表和调幅度表的指示指针用表头上相应的调零旋钮调整到机械零位。

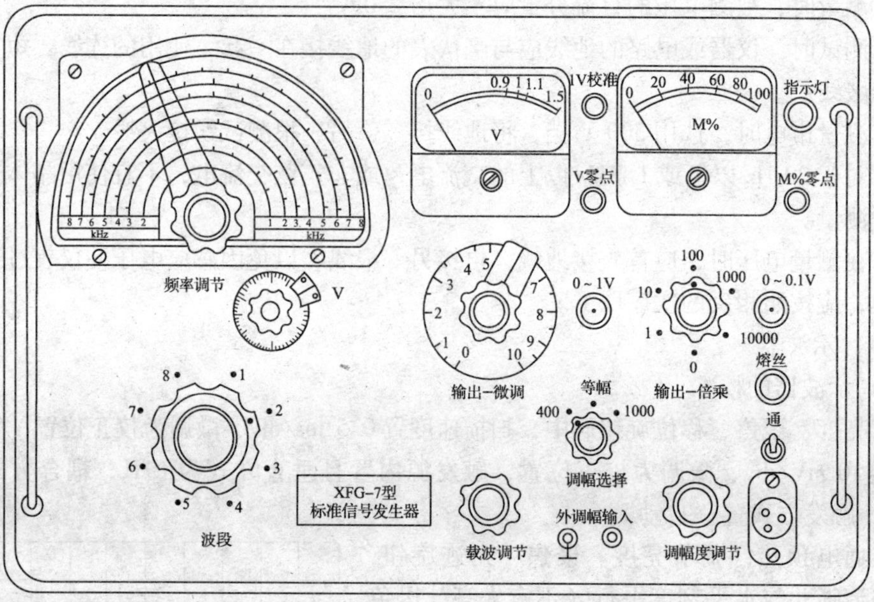

图 1—29　XFG－7 型标准信号发生器面板示意图

②接通电源，进行预热。

③将“波段”开关放在任何两挡的中间（即波段开关不在任何的挡位上），此时振荡级不工作，因此没有信号输出。若此时电压表有指示，应调节“V 零点”旋钮使指针在零位置上。

④等幅振荡输出

a. 将“调幅选择”开关放在“等幅”的位置，将“波段”开关放在相应的波段，调节“频率调节”粗调旋钮到需要的频率附近，再调节微调旋钮以得到准确的频率。

b. 转动“载波调节”旋钮，使电压指示在红线“1”上，这时在“0～0.1 V”插孔输出的电压等于“输出－微伏”旋钮的读数和“输出－倍乘”开关倍数的乘积，单位为“μV”。如果需要输出的信号电压值大于 0.1 V，应该从“0～1 V”插孔输出，此时仍应调节“载波调节”旋钮，使电压表指在 1 V 上，调节“输出－微调”旋钮所指的读数的 1/10 为输出信号的幅度值，单位为“V”。

c. 若输出 1 μV 以下的电压，需用带有分压器的输出电缆，接在“0～0.1 V”插孔输出信号的电压值，然后再乘以 0.1。

⑤内调制调幅波输出

a. 将“调幅选择”开关放在相应的调幅信号位置（1 000 Hz 或 400 Hz）。按照选择等幅振荡频率的方法选择载波频率。调节“载波调节”旋钮到电压表指示值为 1 V。

b. 调节“调幅度调节”旋钮，从调幅度指示电表上的读数确定输出调幅波的调幅度。输出电压的计算方法与等幅振荡相同。

⑥外调制调幅波的输出

a. 将“调幅选择”开关放在“等幅”的位置。

b. 按照选择等幅振荡频率的方法选择载波频率。

c. 选择合适的音频信号发生器作为音频信号源，音频信号发生器应具有相适应的工作频段，而且它的输出应能提供0.5 W以上的功率。

d. 音频信号输出调到最小，并将它送至"外调幅输入"的接线柱上，逐渐增大输出，直到调幅度指示表的读数满足为止，此时，调幅度指示表的读数就是输出调幅波的调幅度，输出电压的计算方法与等幅振荡相同。

2）高频信号发生器的使用注意事项

①用"0～0.1 V"插孔时，必须将"0～1 V"插孔用铜帽盖住，避免干扰，减小误差。

②使用前必须对仪器进行调零校准，当通电半小时后，把"波段"开关置于任何两挡之间，使振荡器不工作，这时，如果电压表有指示，调节"调零"旋钮，使指针指在零位。

③只有在载波电压表指示为1 V时，调幅度的读数才是正确的。

（6）调频调幅中频扫频仪。调频调幅中频扫频仪用于调频调幅接收机的中频特性曲线测试。下面以ZN1230型调频调幅中频扫频仪为例进行说明。

1）面板结构及面板各部件功能。ZN1230型调频调幅中频扫频仪面板图如图1—30所示，图中各序号表示的面板控件功能见表1—1。

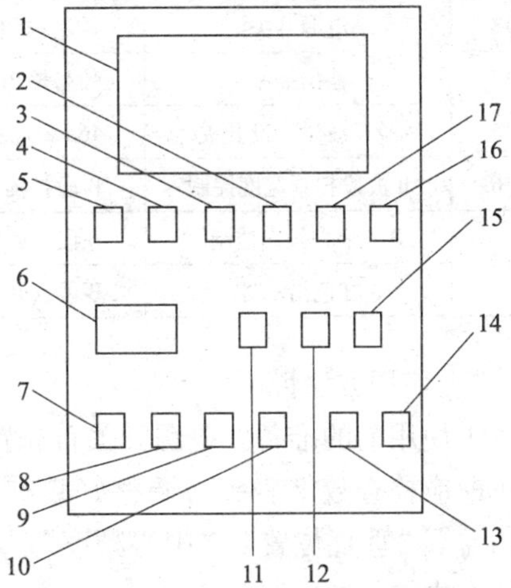

图1—30 ZN1230型调频调幅中频扫频仪面板示意图

表1—1 ZN1230型调频调幅中频扫频仪面板控件功能

序号	名称	功能说明
1	显示屏	显示频率测试波形
2	A段扫频工作旋钮	465 kHz段工作时扫频宽度调节旋钮
3	A段中心调节旋钮	465 kHz中心频标调节旋钮
	绿色指示灯	A段（465 kHz）工作时绿色指示灯亮
4	垂直增益控制	波形幅度大小调节
5	垂直控制旋钮	波形在垂直方向的位移调节
6	数字表头指示	显示衰减量，单位为dB
7	输入插座	信号输入口
8	校准开关	（1）当置于"0.1 V"位置时，屏幕上显示峰-峰值0.1 V标准电压 （2）当置于"关"时，可进行正常信号测量
9	衰减器开关（dB）0/20	（1）当置于"0"时，峰-峰值为1 mV/cm （2）当置于"20"时，峰-峰值为10 mV/cm
10	极性开关	屏幕显示频率曲线可分"+"（正相）和"-"（反相）

续表

序号	名称	功能说明
11	×10 衰减器（输出控制开关）	输出电平控制开关，电平范围在 40 ~ 100 dB 之间，每挡 10 dB
12	×1 衰减器（输出控制细调钮）	dB 表控制旋钮，细调旋钮在 0 ~ −10 dB 之间连续可调
	A“中心频率控制”	A 段中心频率调节旋钮
	A 波段扫频宽度控制	A 段扫描宽度调节钮
13	电源开关	控制扫频仪的供电开关
14	输出插座	信号输出口
15	A/B 波段按键开关	465 kHz 和 10.7 MHz 波段切换开关
16	B 波段扫频宽度控制	B 段扫描宽度调节钮
17	B“中心频率控制”	B 段中心频率调节旋钮
	红色指示灯	B 段（10.7 MHz）工作时红色指示灯亮

2）使用方法说明

①使用前的准备。电源开关首先置于“关闭”位置，开机前应检查数字表头，调整好衰减量；扫频仪的“垂直增益”“垂直位置”“中心频率”“扫频宽度”各电位器放在中间位置。

②测试连线。按照如图 1—31 所示方法将被测网络与扫频仪相连接，然后接通电源。

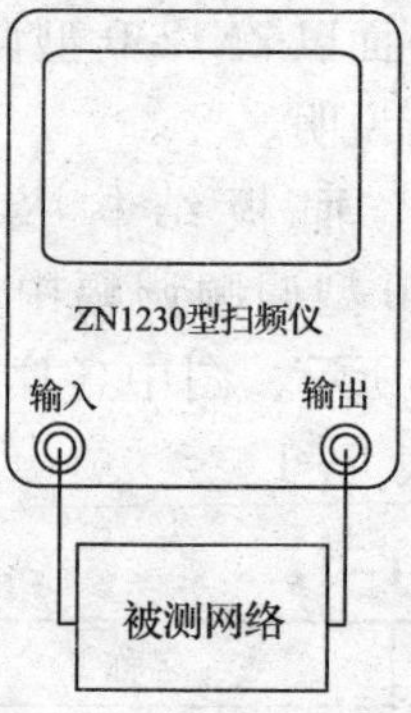

图 1—31　频率特性测试接线图

③测试

a. 接通电源。

b. 极性选择。屏幕显示频率曲线分为“+”和“-”两种，可通过“极性”开关选择，通常情况下选择“+”极性。

c. 校准。先把“校准”开关置于“0.1 V”挡位，屏幕应显示 0.1 V 标准电压（可以显示 5 格）；然后再把开关拨到“关”的位置，进行曲线测试。

d. 调节衰减。调节输出衰减开关到适当的挡位，保持曲线的幅度（5 格）不变。

e. 扫频测量。调节扫频宽度，使 5 段频标都能清楚地显示在屏幕上，以适宜观察为止。其频率特性曲线图如图 1—32 所示。

调节中心频率控制旋钮，使中心频标在屏幕的中央（A 段为 465 kHz；B 段为 10.7 MHz）。

调节 A/B 波段控制开关，如果测试信号为 465 kHz 的调幅中频曲线，应将开关拨到“A”端，此时绿色指示灯亮；如果测试信号为 10.7 MHz 的调频中频曲线，应将开关拨到“B”端，此时红色指示灯亮。

调节输出衰减器控制旋钮和 dB 表控制旋钮，使频率特性曲线能够很好地显示（保

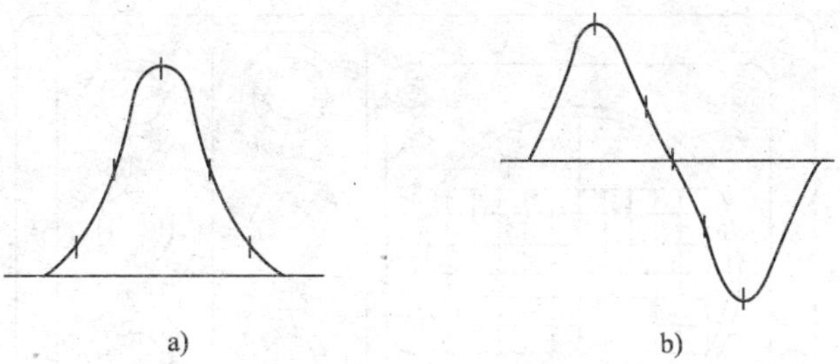

图 1—32 频率特性曲线图

a）465 kHz 中频特性曲线 b）10.7 MHz 鉴频器特性曲线

持 5 格）。

f. 读取数据。读数时，把输出衰减器上的 dB 数加上表头的 dB 数即可。

（7）BT－3 型频率特性测试仪。频率特性测试仪可用来测量宽带放大器，雷达接收机的中频放大器、高频放大器，电视机的公共通道、伴音通道、视频通道以及滤波器等有源和无源四端网络的频率特性。频率特性测试仪种类很多，BT－3 型频率特性测试仪是较为常用的一种，面板示意图如图 1—33 所示。

1）使用方法

①“零”频标和第Ⅱ、第Ⅲ波段起始频标的识别方法。将“波段”开关置于Ⅰ的位置，“频标选择”置外接，频标幅度旋至最大，“频标偏移”旋钮旋至中间位置。旋转“中心频率”度盘时，在扫描基线上出现一个频标，这就是“零”频标。将“频标选择”置于 10 MHz，则零频标右边的第一个频标即为 10 MHz，依次顺延为 20 MHz、30 MHz。

将“波段”开关置于Ⅱ位置，“频标选择”置 10 MHz，“频标偏移”旋钮旋至最小，旋转“中心频率”度盘，使扫描基线向右移到底，则中心竖线右边第一只频标即为 70 MHz。

同理，将“波段”开关置于Ⅲ位置，中心竖线右边第一只频标即为 140 MHz。

②频标及其频标数的检查。将“频标选择”开关置于 1 MHz 或 10 MHz 时，在扫描基线上应出现 1 MHz、10 MHz 的菱形频标信号，频标的大小应随“频标幅度”旋钮的位置不同而有所不同。在任意波段、任意中心频率，将“频率偏移”旋钮顺时针旋到底时，示波管屏幕上出现的频标数，应不少于 15 个，当调节“频率偏移”旋钮时，可均匀地调节频标数的多少。

③输出扫频信号频率范围的检查。将检波探头与扫频电压输出插座用特性阻抗为 75 Ω 的电缆连接好，此时屏幕上应出现基线。将“频标选择”置于 10 MHz，“波段”开关置于Ⅰ时，“中心频率”度盘在起始位置附近时，屏幕中心线上应出现零拍，反时针旋转“中心频率”度盘，通过屏幕中心线的频标数应多于 7.5 个。当“波段”开关置于Ⅱ时，“中心频率”度盘从起始位置逆时针旋转时，第一只经过屏幕中心的频标为 70 MHz，然后从此记数，其最高中心频率应大于 150 MHz。当“波段”开关置于Ⅲ时，屏幕上某频标处对应的频率为波段Ⅱ在该处的频标值的 2 倍。

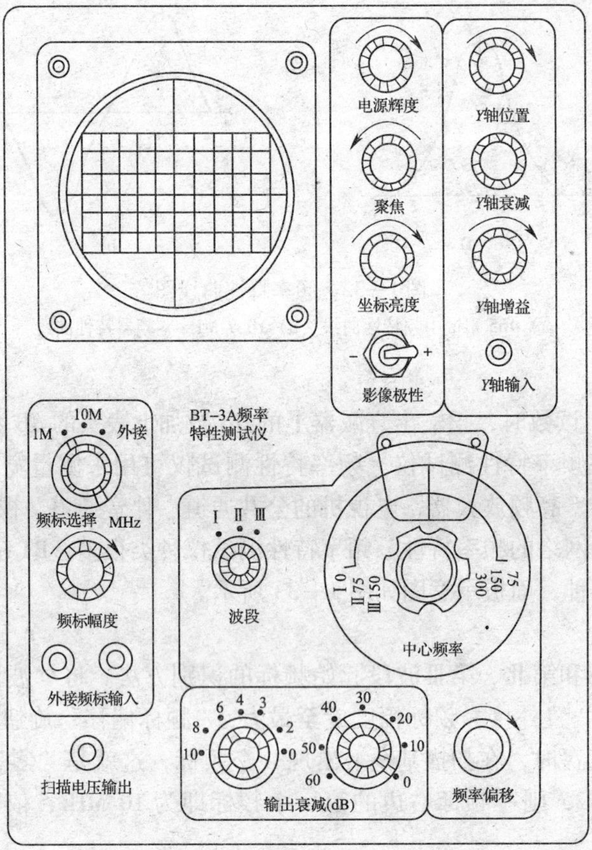

图 1—33　BT－3 型频率特性测试仪面板示意图

④仪器与被测设备的连接

a. 被测设备不含检波器。采用如图 1—34 所示方法连接。

被测设备不含检波器，其输入阻抗为 75 Ω，则用开路电缆将仪器的扫频输出与被测设备的输入端连接，再用检波探头将被测设备的输出与频率特性测试仪的输入连接。

b. 被测设备含有检波器。直接用电缆将被测对象的输出与频率特性测试仪的 Y 轴输入连接即可。

2）频率特性的测试

①将被测设备与频率特性测试仪连接。

②根据被测设备的工作频率或频带，调节“波段”开关，使其置于相应的波段上。

③“频标选择”开关置于 1 MHz 或 10 MHz 位置。

④Y 轴衰减置于 1，输出衰减根据幅频特性的大小而定。

⑤调节“频标幅度”旋钮，使频标易读。

⑥调节“频标偏移”与“输出衰减”旋钮，使被测设备的幅频特性曲线在屏幕的有效范围内。观察曲线上的频标数，便可知被测设备的频率特性。

3）鉴频特性的测试

①连接被测的鉴频器与频率特性测试仪，不使用检波探头，直接将鉴频器的输出

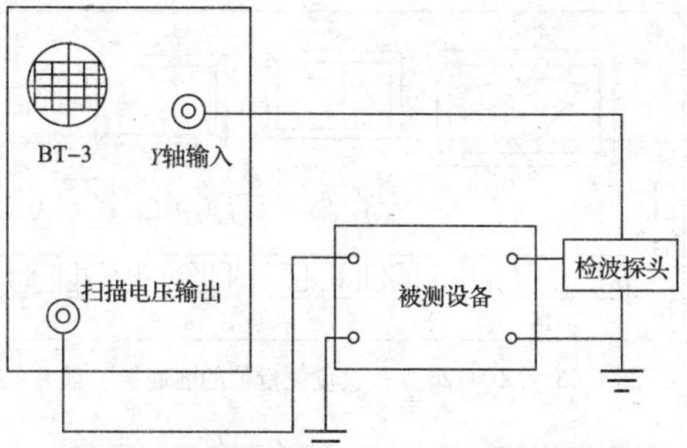

图 1—34　频率特性测试仪与无检波设备的接线图

端与频率特性测试仪的输入端连接。

②调节扫频仪的“Y 轴增益”“Y 轴位置”等旋钮，使 S 形曲线在屏幕的适中位置。

③由于 BT－3 型内接有钳位电路，所以使 S 形曲线的下半部分被消去。若要观察被消去部分的曲线，只要扳动“影像极性”开关，即可使屏幕轮流显示上、下部分曲线。

4）增益的测试

①将检波探头与扫频电压输出电缆插头相连接，使屏幕上出现矩形扫频线。

②将频率特性测试仪的粗、细衰减均调为 0 dB，“Y 轴衰减”为 1，调节“Y 轴增益”，使屏幕上出现高度为 4 格的矩形扫频线。

③把扫频输出电压加到被测设备的输入端，用检波探头将被测设备的输出端与频率特性测试仪的输入端连接，此时屏幕上出现被测设备的幅频特性曲线。

④保持“Y 轴衰减”和“Y 轴增益”不变的情况，调节频率特性测试仪的输出衰减，使幅频特性曲线为 4 格，此时输出衰减的分贝数即为被测设备的增益。

5）使用注意事项

①扫频输出电缆应尽量短，以减少误差。

②输出电缆与检波探头的接地线要尽量短，在检波探头上不要另加引线，以保证测试效果。

③当被测电路的输入端与输出端有直流电位时，必须用电容或电阻与探头串接后再与频率特性测试仪连接。

（8）失真度测量仪。失真度测量仪是一种测量正弦信号非线性失真的电子仪器。ZQ4126 型是一台宽频带失真度测量仪，可测量 5 Hz～200 kHz 正弦信号的非线性失真度，测量的最小失真度为 0.03%，同时又是一台宽频带有效值电压表，频率响应可达 2 Hz～1 MHz。

1）ZQ4126 型失真度测量仪的面板。ZQ4126 型失真度测量仪的前面板示意图如图 1—35 所示，后面板示意图如图 1—36 所示，表 1—2 所列为图中各序号表示的面板各控件功能。

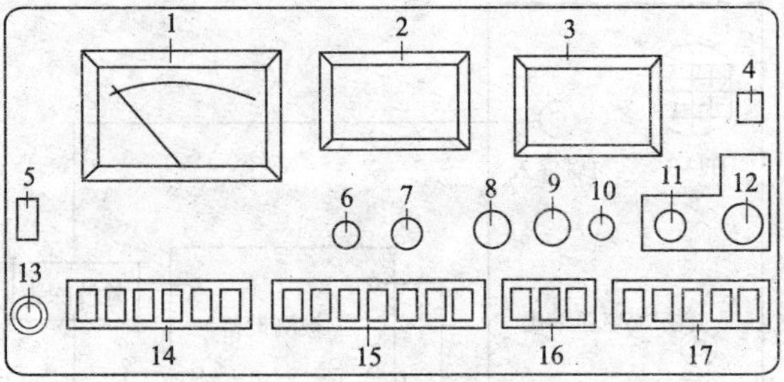

图 1—35　ZQ4126 型失真度测量仪的前面板示意图

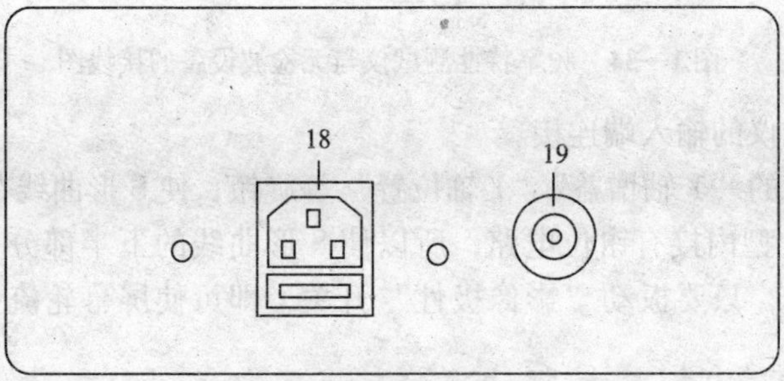

图 1—36　ZQ4126 型失真度测量仪的后面板示意图

表 1—2　**ZQ4126 型失真度测量仪面板各控件功能**

序号	名称	功能说明
1	指针式表头	有 4 道刻度（0 ~ 1 V、0 ~ 3 V、－20 ~ 0 dB、－20 ~ 2 dBm）。它与测量过程配合，可读出失真度和电压数值
2	示波管	显示被测信号的谐波波形图
3	谐波频率显示	采用 LED 数字显示方式，调节调谐频率粗调、细调旋钮时，频率显示器上显示变化的频率
4	电源开关	接通与断开电源
5	阻尼开关	有快慢两个挡位，当被测信号频率小于 10 Hz 时可将阻尼开关按下
6	示波管亮度调节旋钮	—
7	示波管聚焦调节旋钮	—
8	校准旋钮	此旋钮与工作选择开关“校准”配合调节，进行校准
9	相位粗调	调节此旋钮并配合频率粗调、细调旋钮对被测信号进行失真度测量时频率的相位调节
10	相位细调	
11	频率调谐细调	调节此旋钮可改变输出频率，与频率粗调旋钮配合使用可以改变一个频程
12	频率调谐粗调	调节此旋钮可改变输出频率一个频程
13	输入端口	被测信号通过该输入端进入
14	输入衰减器开关	以 10 dB/挡跳步衰减输入信号，共 6 个挡位（10、20、30、40、50、60）
15	分压器开关	以－10 dB/挡跳步衰减输入信号，共 7 个挡位（0、－10、－20、－30、－40、－50、－60）

续表

序号	名称	功能说明
16	工作选择开关	有“电压”“失真”“校准”3个挡位
17	失真度测量频率范围选择开关	频率波段开关，从5 Hz～200 kHz共分为5个挡位，可以根据被测信号的频率选择不同的挡位
18	电源插座	—
19	外接示波器端口	—

2）ZQ4126型失真度测量仪的使用

①测量失真度的操作过程

a. 在接通电源前将分压器开关置“0 dB”位置，工作选择方式开关置“电压”位置。

b. 接通电源，使仪器预热10～15 min。

c. 按照如图1—37所示方法接线，改变输入衰减开关使表头指示在可读范围内（300 mV～1 V）。

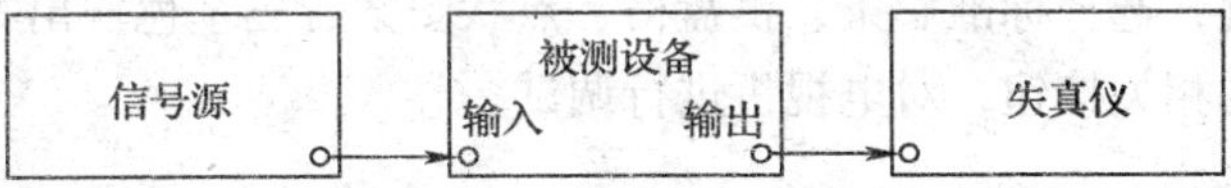

图1—37 失真度测量接线图

d. 将工作选择开关置“校准”位置，调节校准电位器旋钮使表头指示为满度，再将工作选择开关置“失真”位置。

e. 将失真度测量频率范围选择开关置于被测信号频率波段，根据数字指示调节频率粗调旋钮和相位粗调旋钮，使示波管显示为一竖线。

f. 反复调节频率细调旋钮和相位微调旋钮，改变分压器开关，使表头指示到最小为止，依照分压器位置从表头直接读出失真度测量值。

g. 测试完毕后，将分压器开关置“0 dB”位置，工作选择方式开关置“校准”位置，表头仍应该指满度。

②测量电压的操作过程

a. 将工作选择开关置电压位置，输入衰减开关置“50 dB”位置，分压器开关置“0 dB”位置。

b. 接通电源，使仪器预热10～15 min。

c. 将被测信号接入输入端口。

d. 依次改变输入衰减开关或分压器开关，使电压表指针指向便于读数的位置，根据输入衰减开关和分压器开关位置及表头指示的位置读出被测信号的电压有效值。

e. 测试完毕后，将工作选择开关置“电压”位置，输入衰减开关置“50 dB”位置，分压器开关置“0 dB”位置。当被测信号频率小于10 Hz时，可将阻尼开关按下。

（9）电视信号发生器。电视信号发生器是电视机常用的调试和检修仪器之一。电视信号发生器是用电子电路来模仿摄像机所产生的红（R）、绿（G）、蓝（B）三基色电信号，这种电信号在彩色电视机上产生8条等宽度的彩色竖条，从左到右依次为白、黄、青、绿、品、红、蓝、黑；在黑白电视机上则显示8条灰度等级不同的竖条，最左边为白，向右逐级变灰暗，最右边为黑。除了产生彩条信号之外，还可以产生供调试和鉴别电视机性能的图形信号，如棋盘状黑白相间的方块信号，电子圆信号，红、绿、蓝三个基色信号等，以适用于电视机多方面的维修测试和调整。

1）电视信号发生器使用前的测试

①射频（RF）输出测试。将电视信号发生器的“RF OUT”端用随机附带的射频电缆与电视机的天线输入端连接，打开电视信号发生器的电源开关，选择彩条输出，同时将频段选择置于“VHF－L”频段，利用电视机进行自动节目搜索，直到接收到清晰的彩条图像及伴音为止；改变接收频段至“VHF－H”和“UHF”，重复上述过程，进行射频输出测试。

②音视频（AV）输出测试。将电视信号发生器的音视频输出端分别与电视机的音视频输入端连接，打开电视信号发生器和电视机电源，即可接收到标准的彩条图像及伴音，说明该仪器的音视频输出正常。

2）电视信号发生器的使用。将测试后的电视信号发生器与电视机连接，按动相应的图像输出选择键，选择标准彩条、棋盘格、点状图案、三基色输出等，利用电视机观察。调节电视机的相关按钮，对电视机进行调试。

二、整机测试系统的连接

如图1—38所示为调幅收音机连接频率范围调整与统调接线图。预先调整好测试仪器，使之处于随时可用状态，如检查调幅信号发生器的输出幅度和频率范围是否符合测试要求。然后调节调幅收音机的相关按钮，对其进行调试。

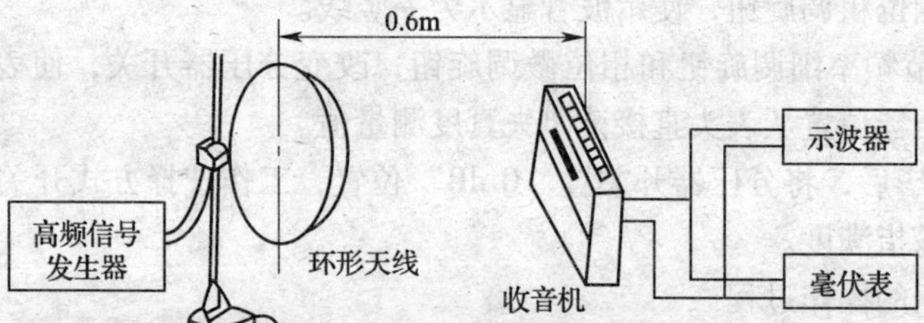

图1—38　频率范围调整与统调接线图

单元测试题

一、单项选择题（下列每题的选项中，只有1个是正确的，将其代号填在横线空白处）

1. 将调幅收音机接收到的任意高频信号转变为固定的中频信号输出的电路是________。

A. 输入电路　　B. 混频电路　　C. 中放电路　　D. 检波电路

2. 电视机的整机灵敏度主要取决于________电路的增益。

A. 高放　　B. 中放　　C. 混频　　D. 本振

3. 电子调谐器中进行 VHF 频道调谐是利用________。

A. 三极管　　B. 开关管　　C. 变容二极管　　D. 稳压管

4. 国家标准规定，电视机伴音中频与图像中频之差为________ MHz。

A. 6.5　　B. 4.43　　C. 38　　D. 31.5

5. 伴音通道中 6.5 MHz 的三端陶瓷滤波器的作用是________。

A. 取出第二伴音中频信号　　B. 滤除第二伴音中频信号

C. 取出伴音中频信号　　D. 滤除伴音中频信号

6. 用示波器测得某电压的峰－峰值为 2.8 V，则其有效值为________ V。

A. 2.8　　B. 2　　C. 1.4　　D. 1

7. 晶体管毫伏表是一种用于测量正弦交流电压________的常用仪表。

A. 有效值　　B. 平均值　　C. 最大值　　D. 峰－峰值

8. 超外差收音机接收频率范围调整时，高端应调整________。

A. 天线　　B. 天线回路电容

C. 本振调谐回路电容　　D. 本振调谐回路电感

9. 下列仪器仪表中，________适用于信号注入法检修故障。

A. 万用表　　B. 晶体管毫伏表　　C. 信号发生器　　D. 计数器

10. 用万用表测量交流电压时，其读数为________。

A. 峰－峰值　　B. 最大值　　C. 平均值　　D. 有效值

二、判断题（下列判断正确的打“√”，错误的打“×”）

1. 收音机中检波器的主要作用是将天线接收到的高频信号还原成音频信号。（　）

2. 场扫描电路为场偏转线圈产生均匀变化的磁场，控制电子束产生水平偏转。（　）

3. 收音机中本振信号的频率比接收信号频率高出一个固定的中频。（　）

4. 行输出变压器的作用是把直流变为交流。（　）

5. 高频信号发生器只有在载波电压表指示为 1 V 时，调幅度的读数才是正确的。（　）

三、技能题

1. 万用表、直流稳压电源使用练习

（1）将直流稳压电源输出电压调至 1 V、3 V、10 V、15 V、30 V，用指针式万用表（或数字式万用表）分别进行测量，将测量结果记入表 1—3 中。

表 1—3　　直流电压测量结果记录表

稳压电源输出电压（V）	指针式万用表测量	
	量程	实测值
1		
3		
10		
15		
30		

（2）根据电阻器的色环标志，读出电阻标称值（含误差），然后用万用表测量实际值（注意选择量程）将测量结果记入表 1—4 中。

表 1—4　　电阻测量结果记录表

电阻色环	标称值（含误差）	万用表测量值	
		挡位	实测值
红、红、棕、金			
黄、紫、红、金			
棕、红、黑、棕、棕			
蓝、灰、黑、黑、棕			

2. 低频信号发生器、毫伏表、示波器使用练习

调节低频信号发生器输出表 1—5 中所列信号，用示波器观察波形，用毫伏表测量交流有效值，将结果填入表 1—5 中。

表 1—5　　低频信号发生器、毫伏表、示波器使用记录表

低频信号发生器输出信号	示波器测试值							毫伏表测量值
	V/div	格数	U_{P-P}（V）	S/ div	格数	T（s）	f（Hz）	
250 Hz、1 V								
1 000 Hz、100 mV								
10 kHz、0.5 V								
200 kHz、100 mV								

3. 观察彩条信号发生器输出信号，用示波器观测黑白全电视信号波形、彩色全电视信号波形。

4. 用示波器观察场振荡信号和行振荡信号波形。

5. 根据图 1—38 进行调幅收音机频率范围的调整及统调。

单元测试题答案

一、单项选择题

1. B　2. B　3. C　4. A　5. A　6. D　7. A　8. C　9. C　10. D

二、判断题

1. ×　2. ×　3. √　4. ×　5. √

三、技能题

答案略。

第2单元

装接质量复检

- 第一节　安装质量检查/34
- 第二节　连线和焊接质量检验/41

第一节 安装质量检查

培训目标

→ 掌握整机安装过程中功能单元安装质量的工艺要求

→ 能够检测发现整机中安装不符合装配标准处，了解改装方法

一、整机安装质量

1．整机安装质量要求

电子产品的整机装配是依据设计文件的要求，按照工艺文件的工序安排和具体的工艺要求，把元器件、零件、部件安装、紧固在印制电路板、机壳、面板等指定位置上，以构成完整的电子整机产品，并且经过调试及检验合格后，包装入库或出厂。随着电子技术的不断发展，电子产品已广泛应用在生活中的各个领域，安装质量要求也越来越高。因此，要求电子产品的整机结构布局合理，工作性能可靠；体积小巧，外形美观；操作方便，便于维修；而且工艺良好，适宜自动化生产以及大批量生产。

2．电磁兼容（EMC）与电磁干扰（EMI）

在整机调试当中，经常会遇到电磁兼容和电磁干扰问题，下面对这两方面知识进行简单介绍。

（1）电磁兼容。指设备或系统在其电磁环境中能正常工作且不对该环境中任何事物构成不能承受的电磁干扰的能力。这里的电磁环境是指存在于给定场所的所有电磁现象。根据电磁兼容的定义，可以看出电磁兼容具有双重含义，即电子设备或系统不仅应具有抑制外部电磁干扰的能力，而且所产生的电磁干扰应不得影响同一电磁环境中其他电子设备的正常工作。

1）电磁兼容的主要内容。初期环境电磁学考虑的仅是无线电广播带来的射频干扰，但是随着电子产品数量越来越多，各种电子设备的发射功率越来越大，电子设备及系统的灵敏度越来越高，并且接收微弱信号的能力越来越强，同时电子产品的频带越来越宽，体积越来越小，以上诸多因素使得相互之间影响越来越大。因此，电磁干扰不再局限于辐射，还要考虑感应、耦合、传导等引起的干扰，如电磁辐射对生物的危害，静电、雷电等都属于电磁兼容的范畴。电磁兼容的主要内容包括以下几个方面：

①电磁环境评价。研究系统中各种敏感的设备耐受电磁干扰的能力，一般采用试验来模拟运行中可能出现的干扰，并在设备尽可能接近工作条件下，试验被测设备是否会产生误动或永久性损坏。设备的抗干扰性决定于该设备的工作原理、电子线路布置、工作信号电平以及所采用的抗干扰措施。随着系统中各种自动化系统和通信系统的广泛采用及设备集成一体化的发展趋势，如何评价设备抗干扰的能力，研究实用和有效的试验方法，制定评价标准，将成为电磁兼容技术的重要课题。

②研究电磁干扰的耦合途径。从探测不到的微弱干扰到高强度的干扰，电磁干扰的

范围非常大，搞清楚干扰源产生的电磁干扰通过何种途径到达被干扰对象是非常有必要的。干扰可分为传导型干扰和辐射型干扰两大类。传导干扰是指干扰源通过电源线路、接地线和信号线传播到达对象所造成的干扰，如通过电源线侵入的雷电冲击源产生的干扰。辐射干扰是指通过电磁源空间辐射到达敏感设备的干扰。研究电磁干扰的耦合途径，对制定抗干扰措施、消除或抑制干扰有重要意义。

③抗干扰技术。电磁干扰的产生及耦合，使敏感设备不可能完全避免电磁干扰，因此，研究有效、经济、适用的抗干扰技术是电磁兼容领域的重要任务。

2）基本概念

①抗干扰度电平是指将某给定的电磁干扰施加于某一装置、设备或系统，而其仍然能够正常工作并保持所需性能等级时的最大骚扰电平。超过此电平，装置、设备或系统就会出现性能降低。

②敏感性电平是指刚刚开始出现性能降低的电平。所以对某一装置、设备或系统而言，抗干扰度电平和敏感性电平是同一个数值。

③抗干扰度裕量是指装置、设备或系统的抗干扰度限值与电磁兼容电平之间的差值。

（2）电磁干扰。任何可能引起装置、设备或系统性能下降，或者对有生命或无生命物产生损害作用的电磁现象叫电磁骚扰。电磁骚扰是客观存在的一种物理现象，其产生原因可能是外界因素，也可能是自身变化。严重的电磁骚扰会引起电磁干扰，电磁干扰包含 3 个要素，电磁干扰源、电磁干扰传递途径、接收电磁干扰的设备自身。

电磁干扰是指由电磁骚扰引起的设备、传输通道或系统性能的下降。引发电磁干扰的原因可能是另一设备或系统的有用电磁信号，也可能是某种电磁噪声。

1）干扰系统的三要素。干扰系统的三要素包括干扰源、耦合通道和受干扰设备。干扰形成的过程是：干扰源发出干扰信号，经过耦合通道到达受干扰设备上。要有效地抑制干扰，首先要找到干扰源，从根本上抑制干扰；若已经产生了难以避免的干扰，削弱通道对干扰的耦合，提高受干扰设备的抗干扰能力就成为非常重要的方法。

2）电磁干扰的传播分类。电磁干扰按照传播途径可分为两大类：传导干扰和辐射干扰。传导干扰是指电子设备产生的干扰信号经过导电介质或公共电源线互相产生干扰。辐射干扰是指电子设备产生的干扰信号通过空间耦合把干扰信号传给另一个电网络或电子设备。

3）电磁干扰的耦合形式。耦合是干扰源与受干扰设备之间的通道，一般来说，切断耦合通道是降低或消除电磁干扰的最常用手段。耦合的方式有直接耦合、感应耦合和辐射耦合。

①直接耦合。直接耦合是借助导线将干扰源直接传递给受害电子设备的一种耦合方式。对于采用直接耦合方式形成的干扰，常采用隔离的措施来抑制。

②感应耦合。感应耦合是通过感应现象进行耦合的，有电感应和磁感应之分。对于采用感应耦合方式形成的干扰，常采用屏蔽技术来抑制。

③辐射耦合。辐射耦合的常见方式有：天线对天线的耦合，即甲天线发射的电磁波被乙天线接收；场对线的耦合，即空间电磁波经导线感应而耦合；线对线的感应耦合，

即两根平行导线之间的高频信号感应。对于采用辐射耦合方式形成的干扰应采用屏蔽技术来抑制，另外，提高受害设备的选择性能，也可以起到一定作用。

4）电磁干扰的分类。由于干扰源的分类方法很多，所以电磁干扰可以按照下面所列7类进行划分：

①按照发生源划分。电磁干扰来自系统内部，称为内部干扰，如电源干扰、地线干扰、信号通道的耦合干扰等；来自系统外部，称为外部干扰，如自然干扰、放电干扰、辉光放电、弧光放电、电力干扰、工频干扰、射频干扰、静电放电、汽车杂波、工业科学和医疗用射频设备杂波、核电磁脉冲等。

②按照传播途径划分。干扰传播的途径有通过电源线、信号线、地线、大地等途径传播的传导干扰，也有通过空间直接传播的空间干扰。

③按照辐射干扰的产生原因划分。例如：造成数字电路工作不正常的干扰可分为电源干扰、反射干扰、振铃（LC共振）干扰、状态翻转干扰、串扰干扰（相互干扰、串音）、直流电压跌落等。

④按照不同设备的工作原理划分。例如：造成开关电源质量下降的干扰可分为出现在输入和输出端子上的干扰（如电源交流声、尖峰脉冲噪声、回流噪声等）、影响内部工作的干扰（如开关干扰、振荡、再生噪声等）。

⑤按发生的频率分为突发干扰、脉冲干扰、周期性干扰、瞬时干扰、随机干扰、跳动干扰等。

⑥按频率范围分为超低频、低频、中频、高频、超高频。

⑦造成交流电源质量下降的干扰分为高次谐波干扰、保护继电器和开关的震颤干扰、雷电涌、尖峰脉冲干扰、喷射环电弧、瞬时浪涌等。

如上所述，干扰可以分成很多类别，这些干扰既产生于电气电子设备，又干扰电气电子设备，造成设备的故障和停用，带来经济和人员伤害。为了使各种设备能够互不干扰，正常工作，应运而产生了电磁兼容技术。

3. 电磁兼容设计技术

对产品进行电磁兼容设计的目的是为了满足产品功能要求，减少调试时间，使产品满足电磁兼容标准，并且不会对系统中的其他设备产生电磁干扰。电磁兼容设计包括接地技术、滤波和吸收技术、屏蔽和隔离技术以及结构设计等。

（1）屏蔽技术。屏蔽就是对两个空间区域之间采用屏蔽体进行隔离，以控制电场、磁场和电磁波由一个区域对另一个区域的感应和辐射。即用屏蔽体将元器件、电路、组合件、电缆或整个系统的干扰源包围起来，防止干扰电磁场向外扩散；或用屏蔽体将接收电路、设备或系统包围起来，防止它们受到外界电磁场的影响。屏蔽一般包括电场屏蔽和电磁屏蔽，电场屏蔽主要用来防止静电场和恒定磁场的影响，电磁屏蔽主要用来防止交变电场、交变磁场及交变电磁场的影响。目前，屏蔽材料种类很多，形态各异，具有较高导电、导磁特性的材料都可以作为屏蔽材料，常用的屏蔽材料有钢板、铝板、铝箔、铜板、铜箔等。另外，还有采取在塑料机箱上镀镍或铜的方法来实现屏蔽。

（2）滤波技术。滤波是指将各类信号按频率特性分类并控制它们的方向，是对某些频率点范围内的信号提供传输极点，而对另一些频率点范围内的信号提供传输零点的技术。滤波的基本功能是选择信号和抑制干扰，为实现这两大功能而设计的网络称为滤波器。滤波器是由集中参数的电阻器、电容器和电感器，或分布参数的电阻、电容和电感构成的网络。这样的网络允许一些频率通过，而对其他频率成分加以抑制。电磁干扰滤波器按构成元件可分为电感器、电容器、LC 复合型滤波器和电容性可变电阻器 4 种；按照构成元件材料及生产工艺的不同可分为陶瓷型、石英晶体型、声表面波滤波型、传输线、腔体、铁氧体、介质型；按照具体用途可分为电源线路用和信号线路用两大类；按照工作频率可分为低通、高通、带通和带阻滤波器 4 种。

1）信号滤波器是用在各种信号线上的低通滤波器，用来滤除高频干扰成分，其作用有以下 3 个方面：

第一，屏蔽壳体上穿过的导线。屏蔽壳体上不允许有任何导线穿过，屏蔽效能再高的屏蔽体，一旦有导线穿过，屏蔽效能就会大幅度下降。

第二，设备内部的隔离。现代电子设备的体积越来越小，元器件的安装密度越来越大，带来的问题是电路间的相互干扰。解决这一问题的唯一途径就是对不同类型的电路进行隔离。当不同电路之间没有任何连线时，采用一般的屏蔽技术就可以实现隔离，但当电路之间有互相连线时，必须对互连线进行滤波，才能达到真正的隔离，这时要在互连线上使用信号滤波器。

第三，电缆滤波。设备中的电缆是接收干扰和辐射干扰最有效的天线，干扰主要是通过电缆进、出设备的。解决电缆接收和辐射干扰的主要手段有屏蔽和滤波。虽然使用屏蔽电缆能有效减小电缆的电磁干扰辐射和接收能力，但屏蔽电缆的屏蔽效能对屏蔽层的连接方式依赖很大，并且屏蔽电缆的屏蔽层是由金属编织网构成的，在高频时屏蔽效能较差。为了改善这种情况，在屏蔽电缆的两端使用滤波器是有效的方法。

2）电源滤波器是一个低通滤波器，其作用有以下 4 个方面：

第一，防止外来电磁噪声干扰电源设备本身控制电路的工作。

第二，防止外来电磁噪声干扰电源负载的工作。

第三，抑制电源设备本身产生的电磁干扰。

第四，抑制由其他干扰设备产生而经过电源传播的电磁干扰。

3）低通滤波器是指低于某一临界频率的信号成分几乎无衰减地通过，此临界频率称为截止频率，该频率是信号振幅下降到最大值的 0.707 倍时对应的频率，高于截止频率的分量，输出迅速衰减为零。

4）高通滤波器的功能与低通滤波器正好相反，低于截止频率的信号分量被迅速衰减，而高于截止频率的信号分量几乎无衰减通过。

5）带通滤波器是指仅让某一范围内的信号通过，高于或低于设计频带的信号迅速被衰减。

6）带阻滤波器的功能与带通滤波器正好相反，除了指定频带内的信号成分迅速被衰减外，其余的频带信号几乎无衰减通过。

上述 3)~6）条中滤波器的频率响应曲线如图 2—1 所示。

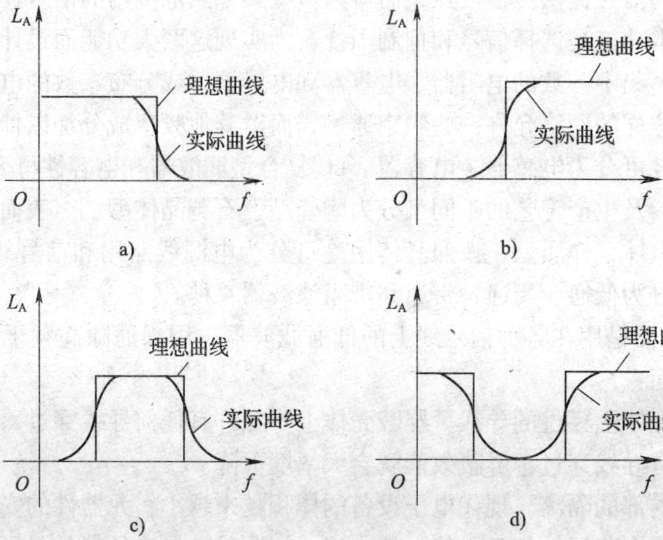

图 2—1　4 种滤波器的频率响应曲线

a）低通滤波器　b）高通滤波器　c）带通滤波器　d）带阻滤波器

（3）接地技术。接地属于线路设计范畴，对产品的电磁兼容有着至关重要的意义，合理的接地是最经济有效的电磁兼容设计技术。接地技术最早应用在强电系统中，为了设备和人身安全，将接地线直接接入大地，由于大地的电容非常大，一般情况下可以将大地的电位视为零。对于电力电子设备，将接地线直接接入大地，或接在一个作为参考电位的导体上，当电流通过该参考电位时，不应产生电压降。然而由于不合理的接地，反而会引入电磁干扰（如共地线干扰等）从而导致电力电子设备工作不正常。可见，接地技术是电力电子设备电磁兼容技术的重要内容。

接地技术在现代电子领域方面有广泛而深入的应用。电子设备的“地”通常有两种含义：一种是“大地”（安全地）；另一种是“系统基准地”（信号地）。接地就是指在系统与某个电位基准面之间建立低阻的导电通路。接“大地”是以地球的电位为基准，并以大地作为零电位，把电子设备的金属外壳、电路基准点与大地相连接。电子设备中的接地通常不是指真实意义上与地球相连接的接地，接地点是电路中共用的参考点，这一点的电位为 0 V，电路中其他各点电位的高、低都是以这一参考点为基准的。相同接地点之间的连线称为地线。接地的目的有以下 3 个方面：

第一，接地使整个电路系统中所有单元电路都有一个公共的参考零电位，保证电路系统能稳定地工作。

第二，防止外界电磁场的干扰。机壳接地可以使由于静电感应而积累在机壳上的大量电荷通过大地泄放，否则这些电荷形成的高压可能引起设备内部的火花放电而造成干扰。另外，对于电路的屏蔽体，若选择合适的接地，也可以获得良好的屏蔽效果，避免设备在外界电磁环境下使设备对大地电位发生变化，造成设备工作不稳定。

第三，保证设备操作人员的人身安全。一般情况下，以确保人员和设备的安全为目的的接地称为“保护接地”，它必须可靠地接在大地电位上，通常电子电气设备的金属外壳、底盘、机座的接地都属于保护接地范畴。

接地方式有安全接地、防雷接地和屏蔽接地3种。

1）安全接地。安全接地是指为防止接触电压及跨步电压危害人身和设备安全而设置的设备外壳的接地方式。安全接地即将机壳接大地，其目的一是防止机壳上积累电荷，产生静电放电而危及设备和人身安全；二是当设备的绝缘损坏而使机壳带电时，促使电源的保护装置动作而切断电源，以保护工作人员的安全。安全接地有保护接零和保护接地两种形式。

第一，保护接零方式是指对于三相四线制，供电系统中的中性线即为保护接零线，它是电路环路中的重要组成部分。

第二，保护接地方式是指除了零线以外，另外配备一根保护接地线，它与电子电气设备的金属外壳、底盘、机座等金属部件相连接。一般情况下，保护接地线是没有电流流动的，即使有电流流动，也是非常小的漏电流，所以在一般情况下，保护接地线上是没有电压降的，与之相连的电子电气设备的金属外壳都呈现地电位，保证了人身和电气设备的安全。

2）防雷接地。防雷接地是指在雷雨季节为防止雷电过电压的保护措施。为防止雷击，可设置避雷针与大地相连，以防雷击时危及设备和人身安全。常用的防雷装置有避雷针和避雷器。

3）屏蔽接地。屏蔽接地是为了防止电磁感应而对视频/音频导线的屏蔽金属外皮、电子设备的金属外壳、屏蔽罩、建筑物的金属屏蔽网进行接地的一种防护措施。在所有接地中，屏蔽接地最复杂，因为屏蔽本身既可防止外界干扰，又可能通过它对外界构成干扰，而在设备内各元器件之间也必须防止电磁干扰，屏蔽不良、接地不当都会引起干扰。常用的屏蔽接地方式有以下4种。

第一，电路的屏蔽罩接地。各种信号源和放大器易受电磁辐射干扰的电路应设置屏蔽罩。由于信号电路与屏蔽罩之间存在寄生电容，因此要将信号电路电线末端与屏蔽罩相连接，以消除寄生电容的影响；并将屏蔽罩接地，以消除共模干扰。

第二，低频电路电缆的屏蔽层接地。低频电路电缆的屏蔽层接地应采用一点接地方式，而且屏蔽层接地点应当与电路的接地点一致。对于多层屏蔽电缆，每个屏蔽层都应在一点接地，各屏蔽层应相互绝缘。

第三，高频电路电缆的屏蔽层接地。高频电路电缆的屏蔽层接地应采用多点接地方式。

第四，系统的屏蔽体接地。当整个系统需要抵抗外界电磁干扰时，或需要防止系统对外界产生电磁干扰时，应将整个系统屏蔽起来，并将屏蔽体接到系统地上。

二、整机装配及质量检验实例

1．整机装配过程

以黑白电视机的整机装配为例，介绍电子产品的整机装配工艺知识。

（1）装配前准备。在整机装配之前做好以下几方面工作：

1）做好技术资料、工艺文件的准备工作，如准备好电路图、印制板装配图、接线图、材料清单等。

2）装配人员应熟悉和理解产品的有关技术资料，并对产品性能有充分的了解。

3）根据技术资料、工艺文件确定装配工序和装配方法。

4）按照材料清单清点元器件并进行测试。

（2）部件装配。部件装配是电子产品中的一个相对独立的组成部分，由若干个元器件、零件装配而成。部件装配质量的好坏直接影响着整机的质量。部件装配包括印制线路板的装配、机壳后框的装配、机壳前框和显像管的装配。

（3）总装。电子产品的总装包括将各零件、部件按照设计要求，经单元调试，检验合格后安装在不同的位置上，组合成为一个整体，再用导线将零件、部件进行电气连接，形成一个具有一定功能的完整的电子整机的过程。

1）电气连接。整机电气接线图如图 2—2 所示，按图进行整机的电气连接，连接完成后整理连线，并用线扎把线束扎在一起。

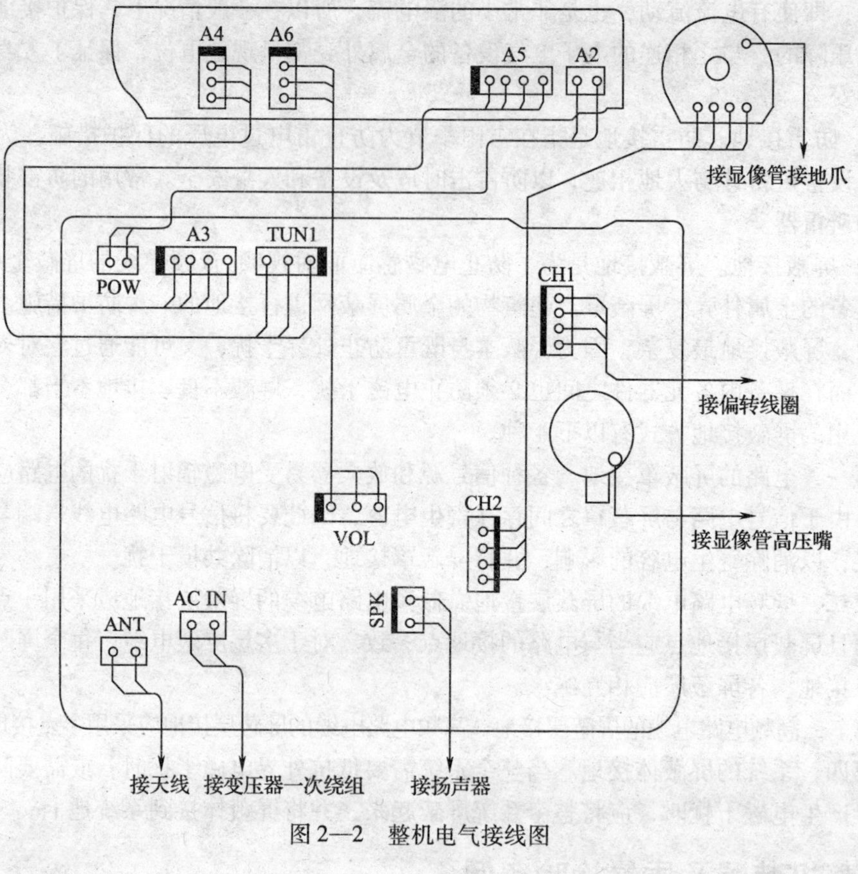

图 2—2　整机电气接线图

2）整机装配

①将印制电路板顺着机壳后框的线路板定位槽插入后框，插到底后在后框底部用自攻螺钉固定。

②将扬声器插入后框左边的定位槽。

③合上前框，底部和上部分别用自攻螺钉固定。

④最后装上电视机的底座。

2. 整机质量检验

整机质量检验是检查产品经过总装、调试之后是否达到预定功能要求和技术指标的过程。整机检验主要包括直观检验、装联正确性检查、功能检验、对整机主要技术指标进行测试以及例行试验等内容。

(1) 直观检验。装配好的整机表面应无损伤，面板、机壳表面的涂层无划痕、脱落，铭牌标记等齐全，金属结构件无开焊、开裂、锈蚀，元器件安装牢固，导线无损伤，元器件和端子套管的代号符合产品设计文件的规定等。产品的各种连接装置应完好，量程覆盖符合要求，转动机构灵活，控制开关到位，机内无多余物等。

(2) 装联正确性检查。装联正确性检查又称电路检查，目的是检查电气连接是否符合电路图和接线图的要求，导电性能是否良好。通常用万用表的 $R\times100\ \Omega$ 挡对各检查点进行检查。批量生产时，可根据预先编制的电路检查程序表，对照电路图进行检查。

第二节 连线和焊接质量检验

培训目标

- 掌握电路板上各个元器件焊接质量的判断方法
- 能够准确判断整机功能单元间相互连接方法
- 能够对焊接和接线错误进行修正

一、电子设备安装连接工艺

1. 电子设备安装内容与级别

电子设备的安装是将各种电子元器件、机电元件以及结构件，按照设计要求安装在规定的位置上，组成具有一定功能的完整的电子产品的过程。

(1) 电子设备安装内容。电子设备安装内容主要有以下几个方面：划分单元电路、元器件布局、各种元器件和结构件的安装、整机装联。

(2) 电子设备安装级别。在安装过程中，根据安装单位的大小、尺寸、复杂程度和特点的不同，将电子设备的安装分成以下不同的等级。

第 1 级（元件级）：主要为通用元器件、分立元器件、集成电路的组装。该级组装级别最低，元器件结构不可分割。

第 2 级（插件级）：用于组装和互连第 1 级元器件。

第 3 级（插箱板级）：用于安装和互连第 2 级组装的插件或印制电路板部件。

第 4 级（箱柜级）：通过导线、电缆及连接器互连第 2、3 级组装，构成独立的有一定功能的设备。

需要注意的是：在不同等级上组装时，构件的含义会改变。例如，组装印制线路板时，电阻器、电容器、半导体管等元器件是组装构件；而在组装设备的底板时，印制电路板则为组装构件。另外，对于某个具体的电子设备，不一定各安装级别都具备，而要根据具体情况来考虑应用到哪一级。

2. 电子设备安装连接工艺要求

（1）手工装配工艺要求

1）手工组装或小批量试生产的装配。在手工组装或小批量试生产的装配过程中，印制电路板装配主要靠手工操作，即操作者把散装的元器件逐个装接到印制线路板上。

操作流程：待装元器件检测→引线成型→插件→元器件位置调整及固定→焊接→剪切多余引线→检验。

按照上述操作流程安装时，从开始到结束由一个操作者完成，可以不受各种限制而广泛应用于各道工序或各种场合；但安装速度比较慢，容易出现安装错误。

2）大批量生产的流水线装配。对于设计稳定且大批量生产的产品，印制电路板装配工作量很大，宜采用流水线装配，这种方法可大大提高生产效率，减少差错，提高产品合格率。

一般装配工艺流程：每拍元器件插入（每拍约 6 个）→全部元器件插入→一次性切割引线→一次性锡焊→检验。其中，引线切割一般使用专用设备一次切割完成，锡焊常采用波峰焊完成。

目前，大多数电子产品的生产大都采用印制电路板插件流水线的方法，插件形式有自由节拍形式和强制节拍形式。

（2）自动装配工艺要求。对于设计稳定、产量大、装配工作量大而元器件又无需选配的产品，宜采用自动装配方式。自动装配一般使用自动或半自动插件机和自动定位机等设备，装配效率高，产品合格率大大提高。

1）自动插装工艺。经过筛选检测处理的元器件装在专用的传送带上，间断地向前移动，保证每一次有一个元器件进到自动装配机的装插头的夹具里，插装机自动完成切断引线、引线成型、移至基板、插入、弯角等动作，并发出插装完毕的信号，回到原来位置，准备装配第二个元件。印制基板靠传送带自动传送到另一个装配工位，装配其他元器件。当元器件全部插装完毕，自动进入波峰焊接的传送带。

印制电路板的自动传送、插装、焊接、检测等工序都由计算机进行控制。自动插装工艺流程图如图 2—3 所示。

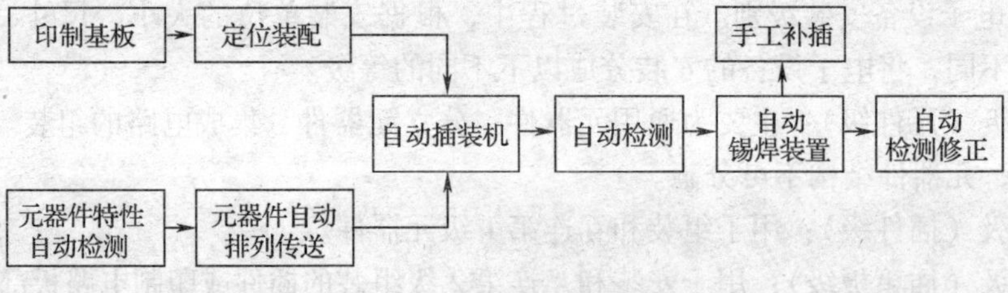

图 2—3　自动插装工艺流程图

2）自动装配对元器件的工艺要求。自动装配是由装配机自动完成元器件的插装，自动装配对元器件的工艺有如下要求：

第一，被装配的元器件的形状和尺寸尽量简单、一致。

第二，被装配的元器件的方向易于识别。

第三，被装配的元器件的最佳取向应能确定。

第四，被装配的元器件的孔距和相邻元器件引线孔之间的距离应标准化。

二、无锡焊接

在电子整机装配过程中，连接方式多种多样，除焊接外，还有压接、绕接、胶接、螺纹连接等无锡焊接方式。在这些连接中，有可拆卸的连接，也有不可拆卸的连接。

无锡焊接的基本特点是：牢固可靠，不损伤元器件、零部件或材料，不破坏元器件的绝缘性能，不需要焊料与焊剂就可获得可靠的连接，解决了焊接面易氧化、清洗困难等问题。

1. 压接

压接是借助控制挤压力和金属位移，使连接器触脚或端子与导线实现连接。压接分为冷压接和热压接，其中冷压接使用较多。压接使用的工具是压接钳，将导线端头放入压接触脚或端头焊片中用力压紧，即可获得可靠的连接。

压接的特点是操作简便，适宜在任何场合应用，生产效率高，成本低，不使用焊剂，无焊剂的残留物，焊接点清洁无污，并且压接的过程不会产生有害气体。压接点损坏后维修方便，只要剪断导线，重新剥头再压接即可。

压接也有不足之处，如在压接过程中，操作者用力不一致，导致压接质量不稳定；压接接点的接触电阻比较大；有些接点不能采用压接等。

2. 绕接

绕接是将单股芯线用绕接枪高速绕到带棱角（菱形、方形或矩形）的接线柱上的电气连接方法。绕接使用的工具是绕接器。绕接的操作步骤如下：

第一，根据线材规格、接线柱尺寸以及绕接所需圈数，在导线端头剥去一定长度的绝缘层。

第二，将去掉绝缘层的一段裸线全部插入导线孔，然后将导线折弯，嵌在绕套缺口内，再转到绕套外向后引出。

第三，将绕接工具头部的接线柱孔套入被绕接的接线柱上，使绕头回转并向前施加少量推力，将导线紧密地排绕在接线柱上。

以上绕接过程示意如图 2—4 所示。

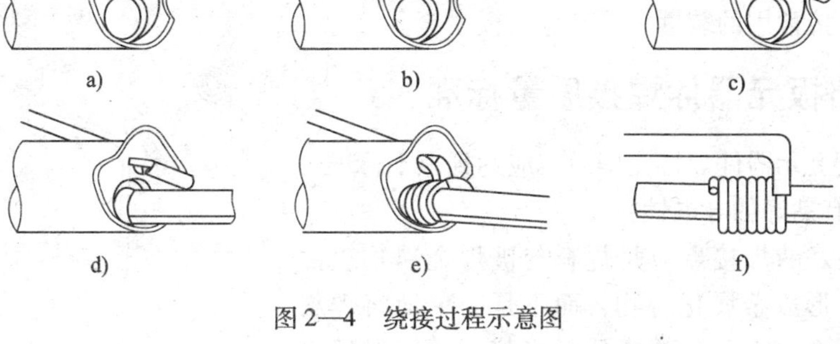

图 2—4　绕接过程示意图

a）工具头（绕头和套头）　b）插入导线　c）导线弯转和固定

d）套入接线柱　e）绕线　f）完成的接点

绕接的特点是可靠性高，寿命长，不会产生虚假焊；绕接的接触电阻只有 1 mΩ，比锡焊接点的接触电阻小 10 倍；抗振能力比锡焊大 40 倍；不需要使用焊料、焊剂，不会产生有害气体；绕接完成后不需要清洗，不需要加温，可避免烫坏导线绝缘层。

绕接也有不足之处，如导线剥头比锡焊长，导线必须是单芯线，接点形状比较特殊等。绕接技术尽管不够完善，但随着在电子设备装配中的应用，将不断得到改进。

3. 胶接

用胶黏剂将零部件粘在一起的安装方法，属于不可拆卸的连接方式。胶接的优点是工艺简单，不需要专用设备，生产效率高，成本低。

胶接的一般工艺过程是：表面处理→胶黏剂的调配→涂胶→固化→清理→胶缝检查。

在“固化”过程中，应注意以下几点：

第一，涂胶后的胶接件，必须用合适的夹具夹住，以保证胶层紧密贴合。

第二，为了保证整个胶接面的胶层厚度均匀，外加压力要分布均匀。

第三，需要加温固化的胶接件，升温不可过快，否则胶接剂内多余的溶剂来不及溢出会使胶层内含有大量气泡，降低胶接强度。

第四，在固化过程中不允许移动胶接件。

第五，加热固化后的胶接件要缓慢降温，不允许在高温下直接取出。急剧降温后会引起胶接件变形，而使胶接面被破坏。

4. 螺纹连接

螺纹连接是使用螺钉、螺栓、螺母等紧固件把各种零件、部件或元器件连接起来的方法，属于可拆卸连接。

螺纹连接的优点是连接可靠，拆卸方便，并且可方便地调整零部件的相对位置；缺点是用力集中，安装薄板或易损件时容易产生变形或压裂，在振动或冲击严重的情况下，螺纹容易松动，装配时要采用防止松动的措施。

在电子整机装配过程中，有些部件需要固定和锁紧。用来锁紧和固定部件的零件称为紧固件。常用的紧固件大多是螺钉、螺母、螺栓、螺柱、垫圈等与螺纹连接有关的零件。此外，还有用于安装在机器转动轴上作固定零件的铆钉和销钉等。常用紧固件连接示意图如图 2—5 所示。

螺纹连接常用的装拆工具有旋具扳手等。

三、电路板元器件焊接质量标准

电路板上元器件焊接完毕后，应达到以下标准。

1. 具有良好的导电性

一个良好的焊接点应是焊料与被焊金属物表面互相扩散，形成金属化合物，而不是简单地将焊料堆积在被焊金属表面。焊点质量良好，才能保证良好的导电性。

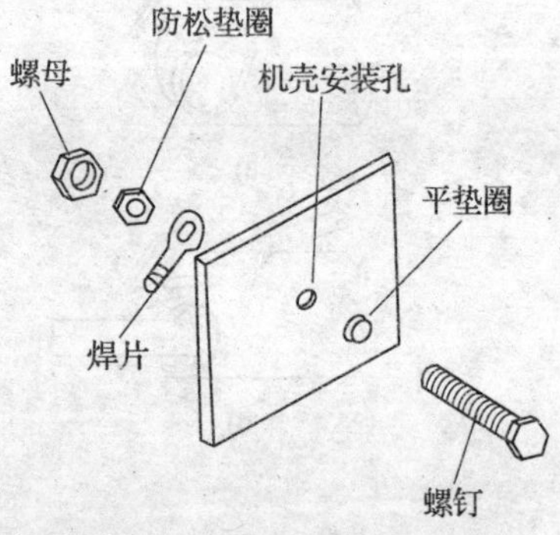

图 2—5 常用紧固件连接示意图

2．具有一定的力学强度

焊接点可以连接两个或两个以上的元器件，并使接触良好，所以焊接点要有一定的力学强度。为了增加力学强度，通常将被焊接的元器件引线、导线先进行网绕、钩接、绞合在接点上，然后再进行焊接。

3．焊点表面要具有良好的光泽且表面光滑

一个良好的焊点表面要具有光泽且表面光滑，不应凹凸不平或有毛刺。这主要与焊接的温度、焊剂的使用及操作熟练程度有关。

4．焊接点上的焊料要适量

焊接点上焊料过少，力学强度差，而且随着氧化加深，容易造成焊点失效；焊料过多，在焊点密度较大处容易造成桥连，或因细小的灰尘在潮湿的气候里引起短路，而且使成本上升。所以，焊接点上的焊料要适量。

5．焊接点不应有毛刺、空隙

相邻的两个焊点若有毛刺或空隙时，在高频电路中容易造成尖端放电。

6．焊接点表面要清洁

焊接点表面要清洁，否则污垢、焊剂的残渣会降低电路的绝缘性，给电路带来隐患。

四、连线和焊接质量检验

电子产品焊接结束后，为保证产品质量，必须对连线和焊接质量进行检验。

1．外观检验

外观检验主要是从焊点的外观上评价焊点是否合格，主要检查以下几方面内容：

（1）元器件、导线连线是否有漏焊现象存在。

（2）焊盘是否被涂匀、涂满，焊点是否光亮、饱满、光滑。

（3）焊点及焊点周围有无裂纹。

（4）焊盘有无翘起、脱落现象存在。

（5）焊点有无拉尖现象存在。

合格焊点如图 2—6 所示。

2．焊接点力学强度和电气性能检查

用手指触摸元器件，用镊子夹住元器件引线，轻轻拉动，观察是否有松动现象。检查焊接点有无虚焊现象、有无与其他焊接点桥连现象。

3．焊接中出现的问题及解决办法

（1）焊锡拉尖。焊锡拉尖如图 2—7 所示。

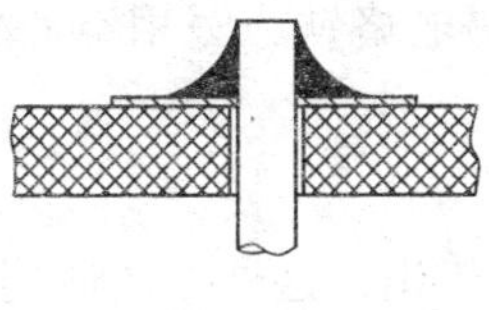

图 2—6　合格焊点剖面图

图 2—7　焊锡拉尖

造成焊锡拉尖的原因是焊锡过量，焊接时间过长，焊接结束后电烙铁撤离的方向和角度不符合工艺要求等。应消除拉尖现象，特别是对于高压电路，因为拉尖可能造成打火现象。电烙铁撤离角度和方向示意图如图 2—8 所示。

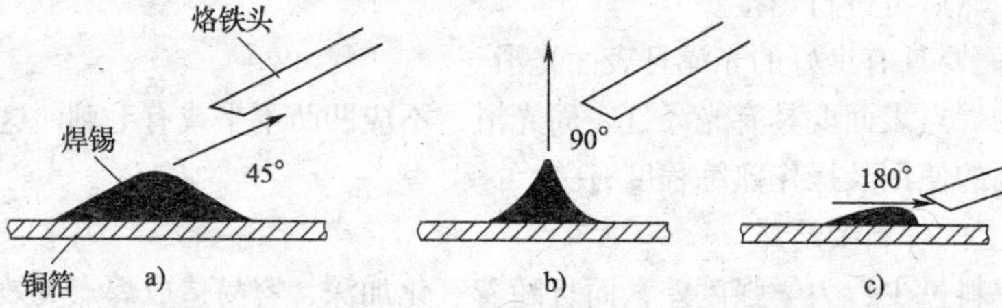

图 2—8　电烙铁撤离角度和方向示意图
a）合理　b）、c）错误

（2）虚焊。虚焊现象一般不容易查出。虚焊的焊点表面上看是焊上了，但焊点内由于被焊物存在氧化层和油污，或者焊剂使用过多，实际上没有焊上。为保证不产生虚焊现象，对焊盘和引线应在焊接前进行预涂覆和浸锡处理。

（3）焊锡表面出现裂纹。其原因主要是在焊锡凝固时，移动了元器件引线的位置而造成的，需要重新焊接。

（4）堆焊。造成堆焊的原因是焊锡过多或元器件引线不挂锡，电烙铁加热时间过长。堆锡容易造成相邻焊点的短路，因此焊接前要将元器件处理好。

（5）铜箔翘起，焊盘脱落。在焊接过程中造成印制电路板上铜箔翘起，甚至焊盘脱落的原因有以下几方面：一是焊接时间过长，焊接温度过高；二是在拆焊时，焊锡还没有完全熔化就急于拉出引线，造成铜箔脱落；三是拆焊后，重新插入元器件时，焊孔不通，加热后没等孔内焊锡熔化，插入元器件时用力过大而造成。

（6）桥接。指焊锡将相邻的印制板铜箔导线连接起来，从而造成短路。桥接最容易出现在焊点比较密集处、线路拐弯处。产生的原因多为焊锡过多或焊接技术不过关。

五、焊接和接线错误修正

在焊接过程中，若出现焊接和接线错误必须进行修正，拆焊是进行修正的重要环节。

1. 拆焊的操作要点

（1）严格控制加热的温度和时间。为了保证元器件不受损坏或焊盘不会出现翘起、断裂等现象，在拆焊过程中必须严格控制加热的温度和时间。

（2）拆焊时不要用力过猛。对于塑封、陶瓷、玻璃端子等元器件，在拆焊时不要用力过猛，否则容易损坏元器件和焊盘。

（3）吸去拆焊点上的焊料。可用吸锡绳、吸锡电烙铁、医用空心针等工具吸去拆焊点上的焊料。

2. 印制电路板上元器件的拆焊方法

（1）分点拆焊法。用电烙铁对焊点加热，逐点拔出，这种方法适用于焊点之间距离较远的焊点的拆焊。

（2）集中拆焊法。用电烙铁同时快速交替加热几个焊点，待焊锡熔化后一次拔出，这种方法适用于焊点之间距离较近的焊点的拆焊。

3. 导线拆焊方法

若导线在焊接时采用钩焊、搭焊等方法，在拆焊时应首先对焊点加热，熔化焊锡，然后用镊子或尖嘴钳拆下导线引线即可。

4. 表面贴装元器件及芯片的拆焊

热风拆焊台是一种利用热风作为加热源的拆焊设备，常用于补焊和拆焊印制电路板上的表面贴装元器件，使用方法比电烙铁要方便和省时得多。它的工作原理是通过调节设备自身的热量和风量，利用拆焊台发出的足够热量的热风将芯片或元器件上的焊锡熔化，以达到拆卸或安装芯片以及元器件的目的。热风拆焊台的机体主要由气泵、线性电路板、气流稳定器、外壳、手柄组件和风枪组成，如图2—9所示为热风拆焊台外形及面板图。

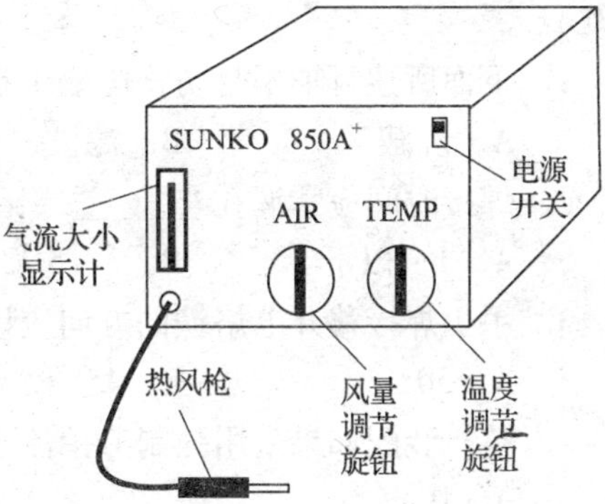

图2—9 热风拆焊台外形及面板图

(1) 热风拆焊台使用方法

1) 首先，将热风拆焊台的电源开关打开。

2) 将热风拆焊台的风力旋钮和温度旋钮调节好，使用者可以根据实际情况自行设定风量和温度，但不宜太大，以免将芯片或元器件烧坏。

3) 将热风枪嘴对准要拆焊的芯片和元器件，一般在其上方2 cm左右处为宜。

4) 在拆焊时，要沿着芯片的周围焊点或针角的焊点来回移动加热，当焊点达到熔点以后焊锡就会自动熔化，芯片或元器件会松动甚至脱落。

5) 待芯片或元器件完全松焊后，便可以用镊子将其取下，同时将热风拆焊台的电源开关关闭。此时，热风拆焊台风口仍会继续吹气，这是机器本身所发出的一股为风口散热的凉气，待风口的温度降到一定时，热风拆焊台就会自动关闭。

6) 在印制板焊接完毕后，为了确保焊接芯片针角部件与印制电路板有良好的接触，可以在其芯片针角部位的电路板上加上适量的助焊剂，再用电烙铁将其焊接一下，以确保芯片能够很好地与针角接触。

(2) 热风拆焊台使用的注意事项

1) 注意热风枪口与拆焊的距离。在使用热风拆焊台拆卸或焊接某一个部件时，不要直接将风枪口放在要拆焊的部件上，以免温度过热，将要拆焊的部件烧坏。

2) 注意调节风量与温度。使用热风焊台时，不要将温度和风量开得过大，以免吹出的热量范围太大，将其周围的其他部件烧坏。

3) 注意个人安全。操作时要注意人身安全，不要被热风烫伤。刚关闭设备时，不要去触动热风枪口部位，以免烫伤皮肤。

单元测试题

一、单项选择题（下列每题的选项中，只有1个是正确的，将其代号填在横线空白处）

1. 下面所述哪项不是防止电磁干扰的措施________。

A. 屏蔽　　B. 滤波　　C. 接地　　D. 接电源负极

2. 焊接时间应掌握在________。

A. 1 s以下　　B. 3 ~ 5 s　　C. 10 s以上　　D. 10 ~ 15 s

3. 手工焊接移开电烙铁的方向应该是________。

A. 30°　　B. 45°　　C. 60°　　D. 180°

4. 整机装配如果采用强制节拍流水线，工人的操作时间________。

A. 固定　　B. 变化

C. 可以自己控制　　D. 根据操作难度而改变

5. 集成电路插装前对引线要________进行整型。

A. 个别　　B. 逐个　　C. 一部分　　D. 整排

6. 虚焊是由于焊锡与被焊金属________造成的。

A. 没形成合金　　B. 形成合金　　C. 焊料过多　　D. 时间过长

7. 焊点应该是________。

A. 焊料与金属被焊面形成的合金　　B. 助焊剂与金属被焊面形成的合金

C. 焊料与助焊剂形成的合金　　D. 焊料本身形成的合金

8. 下列元件的插装顺序正确的是________。

A. 半导体管→小功率电阻→短接线→变压器

B. 小功率电阻→短接线→半导体管→变压器

C. 短接线→小功率电阻→半导体管→变压器

D. 变压器→半导体管→小功率电阻→短接线

9. 电路板在装配时，不允许出现________的装配原则。

A. 先小后大　　B. 先易后难　　C. 先里后外　　D. 先轻后重

10. 当元器件在规定时间内未焊好，应等焊点冷却后再复焊，复焊次数不超过________次。

A. 2　　B. 3　　C. 4　　D. 5

二、判断题（下列判断正确的打"√"，错误的打"×"）

1. 分点拆焊法适用于焊点之间距离较近的焊点的拆焊。　（　）
2. 5步焊接法的第四步是移开电烙铁。　（　）
3. 热风拆焊台在使用时，要注意调节风量和温度。　（　）
4. 在电路板装配过程中，凡不宜采用波峰焊焊接的元器件应放在焊接后插装。　（　）
5. 电磁兼容的英文缩写是EMI。　（　）

三、技能题

1. 根据给定电阻器、电容器、二极管、三极管和印制线路板完成元器件的引线成型。
2. 根据手工焊接的 5 步操作法进行焊接练习。
3. 根据工艺要求进行拆焊练习。
4. 压接钳、绕接器使用练习。
5. 热风拆焊台使用练习。

单元测试题答案

一、单项选择题

1. D　2. B　3. B　4. A　5. D　6. A　7. A　8. C　9. B
10. A

二、判断题

1. ×　2. ×　3. √　4. √　5. ×

三、技能题

答案略。

第3单元

调试

- 第一节　产品安全检查 /51
- 第二节　功能调试 /60
- 第三节　指标调试 /65
- 第四节　调试结果记录与处理 /76
- 第五节　单片机基础知识 /87

第一节 产品安全检查

培训目标

- 掌握整机安全防护要求标准
- 掌握整机通电后漏电和绝缘的测试方法
- 能够对不安全隐患进行处理

一、整机安全防护的检查

1. 电气设备安全防护知识

（1）安全用电在国民经济和工业生产中的地位及任务。安全是一个间接的生产力，在国民经济及工业生产中有很重要的地位，因此常见到“安全第一”的标语及口号。安全本身并不创造价值，往往还要很大的投入；但它保证了人身安全，保证了机械设备、运输设备、电气系统等的正常运行，提高了生产率，减少了运行中的损耗及事故后的费用，实际上等于生产价值的升值，间接地提高了生产力。因此，安全是国民经济及工业生产中不容忽视的一项工作。

电气安全技术是一种用途很广的、极为重要的实用技术，随着工业技术和家用电器的迅猛发展，电气系统已深入到国民和人民生活的每个角落，每个人都必须掌握一定的安全用电技术，一方面是保证个人的人身安全，另一方面是为了保证电气系统、电气设备、电气线路以及涉及的环境、建筑物、各种设施的安全。这在国民经济和国家政治生活中占有很重要的位置，是我们每个人都不容忽视的。

（2）电气安全技术的特点

1）周密性。任何一项电气安全技术的产生都有着严格的过程，不得有任何疏忽，任何一个细微的可能都必须被考虑并加以试验，以保证技术的可靠周密，否则将会带来不可估量的损失。

2）完整性。电气安全技术是一个非常完整的体系，不仅包括电气本身的各种安全技术，而且还包括用电气技术去保证其他方面安全的各项技术。同时，这两方面都应完整无缺、滴水不漏，且面面俱到。从安全组织管理、技术手段到人员素质、产品质量以及设计安装等，形成了一个完整的安全体系。

3）复杂性。正因为上述两点导致了电气安全技术的复杂性。电气安全技术的对象，不仅是单一的用电场所，一些非用电场所也有电气安全问题。此外，利用电气及控制技术来解决安全问题以及有关安全技术的元器件，不仅有电气技术，还有电子技术、计算机技术、检测技术、传感技术及机械技术，这样使得电气安全技术变得很复杂。

4）综合性。综上所述，电气安全技术是一门综合技术，除了电气电子技术外，还涉及许多学科领域，其中包括管理技术、操作规范以及消防、防爆、焊接、起重吊装、挖掘、高空作业、传感器及元器件制作等。随着工业及文明的发展，电的应用越来越广泛，电气安全技术将更为复杂化、更具有综合性。

5）不断修改性。任何一项安全措施，操作规程、元器件的产生都是人们在生产实践中不断总结修改而产生的，也只有这样，才具备上述的严密性、完整性。

（3）保证安全用电的基本条件

1）严格的电气安全管理制度。

2）完整的电气作业安全措施。

3）细致的电气安全操作规程。

4）用电人员素质的培养及提高。

5）确保电气设备、元器件、材料产品质量。

6）确保电气工程的设计质量和安装质量。

7）加强防止自然灾害侵袭的能力及措施。

8）全社会宣传安全用电，普及安全用电技术。

（4）安全用电技术的现状及发展趋势。到目前为止，安全用电技术基本上还是沿用传统的安全措施，如接地、接零、绝缘、安全距离、安全电压、安全操作规程、电工安全用具、防雷接地、报警装置以及漏电保护等。这些措施经历了几代人的实践总结修改完善，确定是行之有效的，即使在今后很长的时期内仍然占有重要的位置。

随着电子技术、自动检测技术、传感器技术、计算机技术的发展，出现了功能齐全、性能良好、有智能功能的漏电保护器，使安全用电技术有了一个新的发展方向。近几年来，这方面的技术发展很快，已出现了由微处理器和各类传感元件组成的自动电子检测装置，能准确预报绝缘降低、漏电，接地电阻减少、过载、短路、断相触电及导致事故发生的地点、部位，以便提醒工作人员的注意和处理。同时人们在实践中也逐步完善了安全管理系统的内容，形成了安全保证体系，这对保证电气系统的安全运行有着很大的推动作用。人们运用系统工程及反馈的理论，建立安全信息网络，做到超前预防及控制，使电气安全技术更完善、更可靠、更周密和更安全。在电气安全工作中，一手要抓技术，使技术手段完备；另一手要抓组织管理，使其周密完善，只有这样才能保证电气系统、设备和人身的安全。

2. 安全防护检验设备的应用

（1）低压验电笔。又称低压验电器或称试电笔，它由氖管、电阻、弹簧和笔身等部分组成，是用来检查低压导体或电气设备外壳是否带电的辅助安全用具，其检测的电压范围为 60 ~ 500 V。常用的验电笔外形有钢笔式、旋具式和采用微型半导体管做机芯、用发光二极管做显示的新型数字显示感应式验电器。

使用验电笔验电时，手指应触及笔尾的金属体，使氖管小窗背光朝向自己，以便观察。当带电体与大地之间的电位差超过一定数值时，验电笔中的氖泡就能发出橘红色的辉光。

验电笔在使用时必须握妥，即以手指触及笔尾的金属体，并使氖管小窗背光朝向自己，以便于观察，同时要防止笔尖金属体触及皮肤，以免触电。

使用验电笔应注意以下事项：

1）使用验电笔前，一定要在确知有电的电源上验电，检查氖管能否正常发光。

2）在明亮的光线下测试时，不易看清氖管的辉光，所以应当避光检测。

3）验电笔的金属探头多制成螺钉旋具状，它只能承受很小的扭矩，故使用时应特别注意，以免损坏。

4）验电笔不可受潮、不可随意拆装或受到剧烈振动，以保证测试可靠。

（2）绝缘电阻表。又称兆欧表、摇表，有手摇发电机式和半导体管式两种。绝缘电阻表是用来测量电气设备的绝缘电阻的。对于额定电压在 500 V 以下的电气设备，应选用500 ~ 1 000 V 的绝缘电阻表；额定电压在 500 V 以上的电气设备，应选用 1 000 ~ 2 500 V 的绝缘电阻表。

绝缘电阻表使用注意事项如下：

1）测量前正确选用绝缘电阻表的规格，使其额定电压与电气设备的电压选用标准符合。

2）绝缘电阻表使用时应水平放置，且远离磁场。

3）测量时，应使用绝缘电阻表的专用线，或绝缘较好的多股线，不可使用绞线。

4）测量前，应对绝缘电阻表进行开路和短路实验。开路实验时，两根测试线不接触任何物体，此时仪表的指针应指示在“∞”位置；短路实验时，将两根测试线迅速瞬间接触，仪表指针应指示在“0”位置。

5）测试的电气设备必须与电源断开，在测量中禁止他人接近设备。

6）测量前，必须对被测设备进行放电，特别是电容性的电气设备，如电缆、大容量电机、变压器及电容器等。

7）测量前，应了解周围环境的湿度，湿度过大时，应接屏蔽线，测量时应记录湿度，以便于对绝缘电阻进行分析。

8）使用绝缘电阻表时，接线应正确。

9）测量时，应顺时针摇动手柄，逐步提高转速，转速达到 120 r/min 且手柄转动应均匀，读取 1 min 后的稳定值。

10）读取数值后，逐步放慢转动手柄。手柄停止转动后，拆线，被测设备放电。

3. 整机安全防护的标准

为了能设计出安全的产品，设计者必须了解安全的基本原则。应用安全标准的目的是防止由于各种危险所造成的人身伤害和财产损失。GB 8898—2001《音频、视频及类似电子设备安全要求》内涉及的危险主要包括以下几种：触电、热危险（过高温升）、着火、爆炸、机械危险、辐射。下面对这些危险进行简要说明。

（1）触电。触电是由于电流通过人体而造成的，触电对人体的伤害程度与电流通过人体的时间长短、电流流经的路径、电流的频率以及人体电阻有关。我国规定的安全电压是 36 V，存在特殊危险的场所为 12 V。

为了对可以接触或操作的部件上有可能出现的较高电压提供防护，应将这样的部件接地或绝缘。对于可触及的零部件，一般应提供双重保护以避免故障引起的触电，这样，单一故障和任何由此引起的故障都不会产生危险。应注意：附加保护措施，如附加绝缘或保护接地，不能取代设计完备的基本绝缘，或降低基本绝缘的要求。

1）触电的原因。触电可能由下列原因引起：

①接触正常情况下带危险电压的零部件。

②在正常情况下，带危险电压的零部件和可触及的导电零部件之间的绝缘被击穿。

③在正常情况下，带危险电压的零部件与带非危险电压的电路之间的绝缘被击穿，从而使可触及的零部件和端子带上危险电压。

④从带危险电压的零部件流过人体的接触电流。

2）防护措施。针对以上危险，可以采取如下的防护措施：

①用固定的或锁紧的盖、连锁装置等防止接触带危险电压的零部件。

②使带危险电压的电容器放电，更换或拆卸电视机的行输出变压器时使其放电。

③在正常情况下，带危险电压的零部件与可触及的导电零部件之间采用双重绝缘或加强绝缘，以便使其绝缘不会被击穿；或把可触及的导电零部件与保护地相连接，以便使该导电零部件上可能出现的电压限制在安全值以内。使用的绝缘应有足够的力学强度和电气强度。

④将带危险电压的电路和带非危险电压的电路用双重绝缘或加强绝缘隔开，使绝缘不会被击穿，或使用保护接地屏蔽隔开，或把正常情况下不带危险电压的电路和保护地相连接，以便使可能出现的电压限制在安全值以内。

⑤把接触电流限制在安全值范围内，或将可触及元器件与保护地相连。

（2）热危险（过高温升）。避免由于可触及元器件温度过高而引起的伤害，避免由于内部过高温度而引起的绝缘损坏，以及避免由于设备内部产生的过高温度而引起的机械不稳定性。

（3）辐射。避免由于过高的电离辐射和激光辐射能量等级引起的伤害，例如把辐射限制在非危险值以内。

（4）爆炸。避免由于显像管的爆炸而引起的伤害。

（5）机械危险。要求确保设备和零部件有足够的力学强度和稳定性，避免出现尖锐边缘，并对危险的运动部件提供防护或连锁装置。

（6）着火。着火可能由过载、元器件失效、绝缘击穿、接触不良等原因引起，对于由以上原因引起的着火，可采用以下措施防护：

1）使用合适的元器件和组件。

2）防止在正常工作条件下或故障条件下产生可能引燃的过高温度。

3）采取措施以消除潜在的引燃源，如接触不充分、接触不良、短路等。

4）限制易燃材料的应用。

5）控制易燃材料与可能的引燃源的相对位置。

6）在可能的引燃源附近使用高阻燃的材料。

7）使用封装盒或挡板限制设备内火焰的蔓延。

8）外壳使用适当的阻燃材料。

4. 整机安全检验方法

（1）准备工作。在进行整机安全检验之前，应做好以下准备工作：

1）准备好待检验的电子产品，如已经装配好的收音机、电视机等。

2）准备好常用的测量仪表，如指针式万用表、数字式万用表等。

3）准备好待检测整机的电路图、印制电路板图等工艺文件。

4）检查工作台是否干净、整齐，确保工作台绝缘。

（2）操作步骤

1）通电前的安全检验。收音机、电视机装配好后，在通电前必须进行安全检验，安全检验的内容主要包括以下几个方面：

①检查有极性的元器件安装是否正确，如二极管、三极管、电解电容器等，尤其是容量较大的电解电容器，必须保证安装极性正确，否则通电后很容易被击穿。

②检查并判断元器件的数值选择是否正确。

③检查电视机的电源线与电源变压器的一次绕组连线是否焊接牢固，是否套上绝缘套管，或使用 PVC 电气绝缘胶带包扎。

④按照整机电气接线图检查接线是否正确，接线是否连接可靠。

⑤通过检查和手动检验机械零部件安装是否正确、牢固，如显像管的安装、变压器的安装是否正确。

2）通电过程中的安全检验。通电过程中，必须仔细观察整机通电后的反应，如发现异常，应立即关机，并切断电源，待查明原因后才能重新开机。

（3）注意事项

1）电源线应有良好的绝缘外套，芯线不得外露。金属外壳的仪器、设备应有接地线，电源插座也应有接地线等。

2）仪器、设备在使用时应正确接线，合理设置量程。

3）不能带电测量电阻，严禁带电焊接元器件。

4）采用 1∶1 的隔离变压器将电视机与电网隔离，保证检修接地部分电路的安全。

5）整机工作时，测量电压首先应注意安全，其次应注意测试过程中不得造成周围电路的短路。

6）要有目的地旋转面板上的旋钮、开关，切忌用力过猛。

7）整机操作结束后，应切断电子产品、仪器设备的电源。

二、整机漏电和绝缘的测试

1. 整机漏电测试

（1）漏电原因。在线路中如有部分绝缘体轻度损伤，就会不同程度地形成漏电。存在漏电故障时，在不同程度上会反映出耗电量的增加。随着漏电程度的进一步发展，会出现类似过载或短路的故障现象，如熔丝经常被烧断、设备过热等现象。引起漏电的原因有以下几种：

1）线路或设备的绝缘老化或者受到损坏。

2）线路或设备受潮、受热或受到化学腐蚀而降低绝缘性能。

3）修复后的绝缘层不符合要求，或者修复层绝缘带松散等。

漏电的原因很多，要排除漏电故障，应根据产生漏电的原因，采用相应的措施进行排除。

（2）泄漏电流。指在没有故障并施加电压的情况下，电气线路或设备中相互绝缘的金属零件之间，或带电零件与接地零件之间，通过其周围介质或绝缘表面所形成的电流。它是衡量电气绝缘性好坏的重要标志之一，其数值的大小将对产品安全性能的高低产生直接影响。将泄漏电流值限制为一个很小的数值，对提高产品安全性能具有极其重要的作用。

按照美国安全试验所 UL 标准规定，泄漏电流是包括电容耦合电流在内的、能从家用电器可触及部分传导的电流。泄漏电流包括两部分，一部分是通过绝缘电阻的传导电流；另一部分则是通过分布电容的位移电流。后者容抗为 $X_C=\frac{1}{2\pi fC}$，与电源频率成反比关系，分布电容电流会随频率的升高而增加，所以泄漏电流也随电源频率升高而增加。例如用可控硅供电，其谐波分量就会使泄漏电流增大。

若测试一个电路或一个系统的绝缘性能，那么这个电流不仅包括所有通过绝缘物质而流入大地（或电路外可导电部分）的电流，而且还应包括通过电路或系统中的电容性元器件（分布电容可视为电容性元器件）而流入大地的电流。当布线较长时，会形成较大的分布容量，使泄漏电流增大，在不接地的系统中应对这一方面引起特别注意。

（3）泄漏电流测量

1）泄漏电流测量原理。测量泄漏电流的原理与测量绝缘电阻的原理基本相同，测量绝缘电阻实际上也是在测量泄漏电流，只不过是以电阻的形式将测量结果表示出来而已。但是，与测量绝缘电阻相比，泄漏电流的测量具有如下特点：

单元
3

①测量用直流电源一般由高压整流设备供给。

②测量用电压高，并可随意调节，绝缘本身的缺陷容易暴露，能发现一些尚未贯通的集中性缺陷。

③电气设备的泄漏电流一般为微安（μA）级（零到数百微安），所以用微安表来指示泄漏电流值的大小，它比兆欧表精度高。

④通过测量泄漏电流和外加电压的关系有助于分析绝缘的缺陷类型。图 3—1 中绘出了测量某设备泄漏电流时可能出现的几种伏安特性曲线：若测量结果如图中曲线 1 所示，泄漏电流随试验电压成直线上升，且值较小，表示绝缘基本良好；如曲线 2 所示，表示绝缘受潮；如曲线 3 所示，泄漏电流值在超过一定试验电压时剧烈增加，表示绝缘中有未贯通的集中性缺陷；如曲线 4 所示，泄漏值发生剧增的试验电压越低，说明缺陷越严重，绝缘有击穿的危险。

2）泄漏电流测量电路。传统的泄漏电流测量电路由整流电路、滤波电路、放大电路和转换电路或指针式表头等部分组成。其测量原理是：泄漏电流的取样信号经过整流电路变成直流信号，再经滤波和放大进行指示（或通过 A/D 转换为数字指示），得到泄漏电流值。这种测量电路的优点是：通过整流，将交流信号转变为直流信号后，很容易进行数据采集和处理。

进行泄漏电流试验时，微安表的接入位置对测量结果具有一定影响。如图 3—2 所示，C_x 为试件，R1 与 PA1 串联做直流高压电流测量用，PA2 为测量泄漏电流微安表，在这种接线方式下，由试验装置到被试件之间的连线在高压作用下会产生如图中虚线 I' 所示的电晕电流（导线周围空气游离对地产生泄漏），这些电流流经 PA2 会引起测量误差。

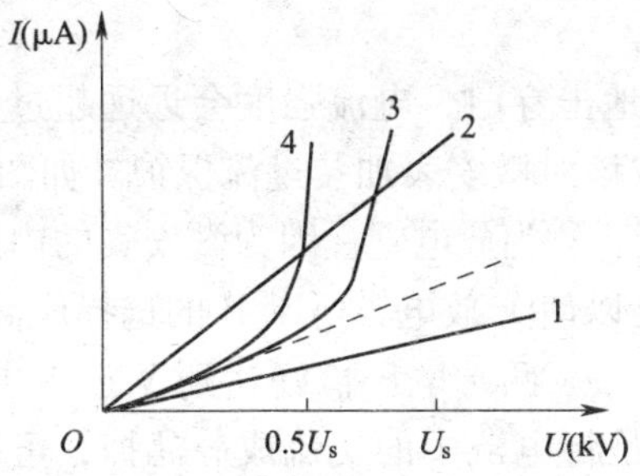

图 3—1　测量泄漏电流时的几种伏安特性曲线

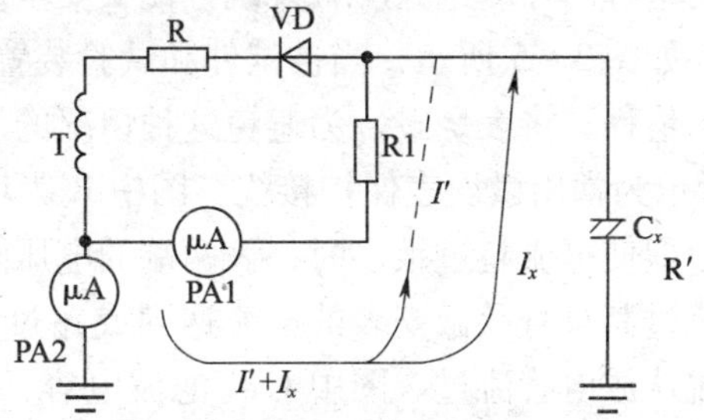

图 3—2　微安表接在低压端

在泄漏电流测量中，常用以下两种接线方式：

①微安表接在接地端。如图 3—3 所示，高压连线的对地泄漏电流 I'不经过 PA2，它所测的电流是被试件的泄漏电流 I_x，但是这种接线方法要求被试件能够和地绝缘。开关底座、变压器外壳等都是接地的，就不能采取这种办法，而避雷器的底座是由瓷底座与地绝缘的，可用此法。但是，如果绝缘瓷座严重脏污、劣化，还是会造成误差。虚线的 R′表示被试件地端对地绝缘电阻。当绝缘良好时，可忽略不计 R′中的分流，I_x 全部通过 PA2，没有测量误差；当绝缘不良时，就要考虑到 R′中有分流，I_x 的一部分通过 PA2，造成测量误差。

②微安表接在高压端。如图 3—4 所示，对于一端接地的设备，可将微安表 PA2 接于高压端。当然，在这种情况下微安表读数将不太方便，同时要求 PA2 必须是对地绝缘的。PA2 对地绝缘的泄漏及 PA2 至被试件 C_x 那段引线的电晕电流仍然流经 PA2，这会影响到测量的精度。针对这一现象，现场常采用两种办法加以解决。

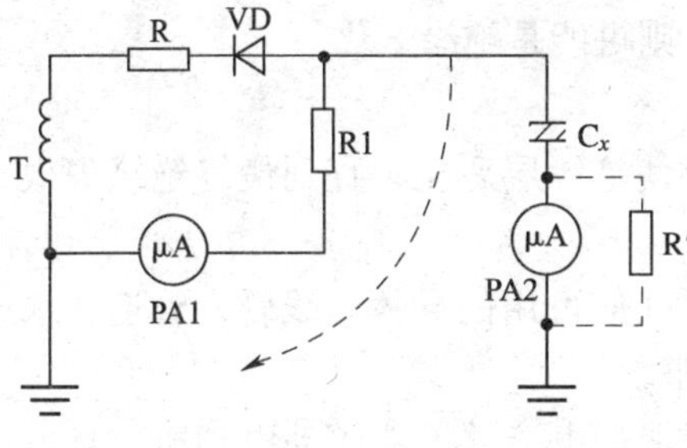

图 3—3　微安表接在接地端

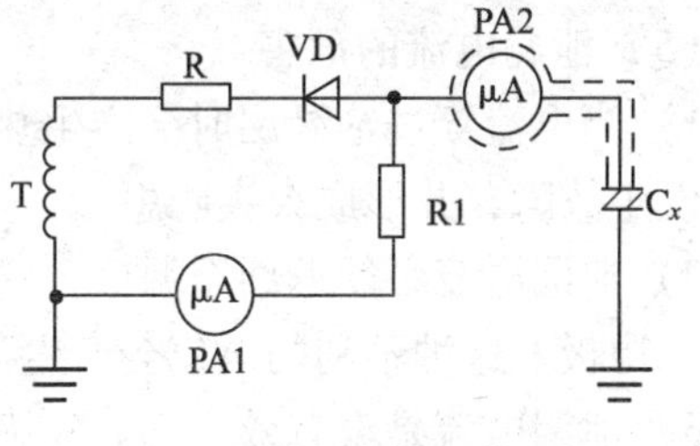

图 3—4　微安表接在高压端

a. 将微安表及其到被试件的连线全部屏蔽起来，如图中虚线所示。此屏蔽层接于 PA2 的电源侧，将与 PA2 处于同一高电位，由它引起的杂散电流不会流经 PA2，这样就使得 PA2 中的电流只有被试品的泄漏电流了。正是由于这种方法能够将杂散电流屏蔽掉，所以其测量准确度较高。但是，在实际应用中此法并不是很方便，主要因为整个试验引线处于高电位，在试验时，必须被支架起来，还要与人员及接地部位保持安全距离。

b. 将微安表屏蔽或良好绝缘，PA2 至 C_x 的引线采用聚乙烯绝缘同轴射频电缆。这种电缆的泄漏电流非常小，芯线施加电压，屏蔽层接地，只有 0 ~ 2 μA 的泄漏电流。

采用这种高强度绝缘屏蔽线既方便又安全。

如图 3—5 所示，当被试件和试验装置发生对地击穿时，电流强度会远远超过微安表的量程，将表烧毁。为避免这种情况的发生，应该对微安表加装过流保护。如图 3—6 所示为常用微安表保护接线，图中 R 为增压电阻，V 为放电管。因为微安表的内阻较小，即使电流超过很多时，表两端的电压降也不足以使 V 放电，所以 R 的选择应满足：当流过其自身及微安表的电流达到或超过限量时，U_{AB} 两端电压恰好达到 V 放电电压，电流从放电管流过。图中 C 为滤波电容，其作用是将电流中的交流成分滤掉，可以使放电电压稳定，一般取 0.3 μF/150 V 即可。

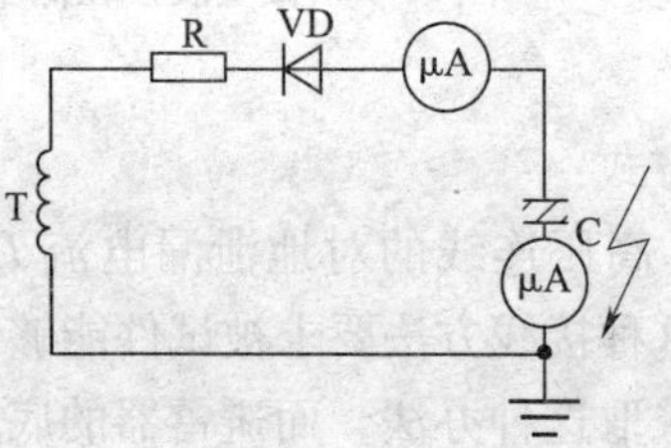

图 3—5　高压对地击穿时对微安表的损坏

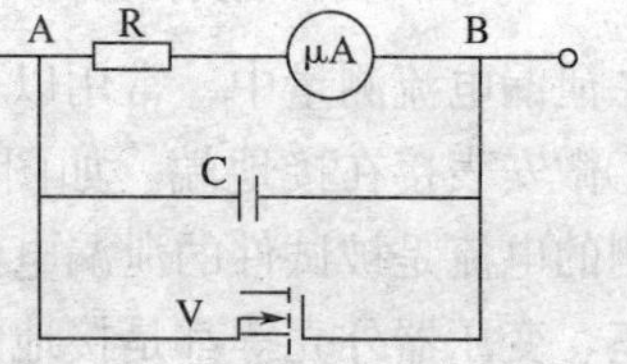

图 3—6　微安表保护接线

（4）泄漏电流测量中应注意的问题

1）泄漏电流过大或过小都属于不正常现象。电流过大应检查试验回路设备状况和屏蔽是否良好，消除客观因素的影响；电流过小则应检查接线是否正确，以及微安表回路是否正常。

2）测试中若微安表指针来回摆动，但摆动幅度不大，则可能有交流分量流过，应检查微安表的保护回路和滤波电容；若指针发生周期性摆动，且幅度比较大，则可能是被试件绝缘不良，发生周期性放电，必须要查明原因。

3）若随时间推移读数呈逐渐上升趋势，则可能是绝缘老化。

（5）泄漏电流的危害

1）当电流穿过绝缘层时会产生热量，致使绝缘层恶化，直到最终绝缘失效，造成设备发生故障，并形成火灾隐患。

2）泄漏电流必须返回至源极，它将流经任何可用的导体、线管、管道、水或大地返回到源极。这种不利的电流会产生危险电压。

3）泄漏电流是没有效率的。经绝缘层漏泄的电流并不能驱动电动机，且不会发光或加热，但是仍然会产生消耗。

4）泄漏电流会引起过流保护装置跳闸，造成电动机和变压器等温度过高。

泄漏电流测试是诸多安全规范测试之中的一项，通常安全规范执行单位会要求某些产品必须做这项测试。泄漏电流测试为一种产品的漏电电流经由一组模拟人体阻抗电路作为测量依据的测试，这个模拟人体阻抗电路被称为“测量电路”。人体的阻抗会因为人机接触点的位置、面积和电流的流向不同而有所不同。基于上述这些理由，在选择测量电路规格时，必须要考虑到做何种测试以及所能允许的最大泄漏电流量方面的因素。产品泄漏电流的测量不但要做产品正常工作和一个故障时的测量，同时必须做电源极性交换时的测量，以避免当产品在输入电压的最高值（通常为输入电压额定值的 110% 左右）工作时，因故障或使用不当而引发的诸多问题和危险。

2. 整机绝缘测试

（1）绝缘的分类。在 GB 8898—2001《音频、视频及类似电子设备安全要求》内对绝缘进行了分类，绝缘有如下分类：

1）基本绝缘。对危险带电零部件所加的提供防触电基本保护的绝缘。

2）附加绝缘。基本绝缘以外所使用的独立绝缘，以便在基本绝缘一旦失效时提供防触电保护。

3）双重绝缘。同时具备基本绝缘和附加绝缘的绝缘。

4）加强绝缘。对危险带电零部件所加的单一绝缘，其防触电等级相当于双重绝缘。

（2）影响整机绝缘性能的因素。影响整机绝缘性能的因素有很多，主要因素有以下几个方面：

1）绝缘材料的绝缘性能由于各种原因被破坏，如电烙铁烫伤电源线、导线，线缆被利器割伤等。

2）电气设备长期使用后，因受潮、受热、静电等使绝缘性能下降。

3）绝缘材料所承受的电压或电场强度超过其所允许的最大值。

（3）整机绝缘的测试。绝缘电阻是衡量整机绝缘性能的主要参数，通常情况下，通过测量电气设备及线路的绝缘电阻，即可判断整机的绝缘性能，绝缘电阻一般可以通过绝缘电阻表（兆欧表）进行测量。按照国标 GB 8898—2001《音频、视频及类似电子设备安全要求》的规定：固定电气设备绝缘电阻不低于 1 MΩ；可移动电气设备绝缘电阻不低于 2 MΩ。用绝缘电阻表测试线路对地绝缘电阻的接线图如图 3—7 所示。

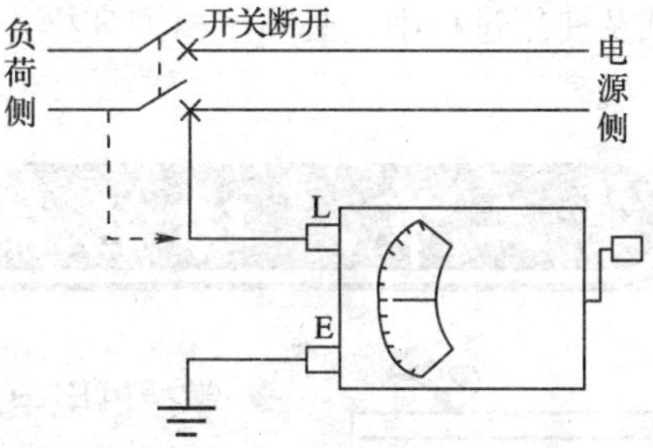

图 3—7　用绝缘电阻表测试线路对地绝缘电阻的接线图

3. 不安全隐患处理

（1）影响电视机安全使用的因素。影响电视机安全使用的因素有以下 6 个方面：

1）显像管、开关、接插件等都是易损元器件，它们都有使用寿命期和安全工作期，但使用寿命期不等于安全工作期。

2）电视机长期工作后，使用环境中的灰尘、油腻、有害气体、盐雾等会降低整机的绝缘性能和阻燃性能。

3）电视机长期工作后，易损元器件的绝缘性能、稳定性、可靠性会下降，有可能引发不安全隐患。

4）电解电容器长期工作后，有可能产生绝缘性能下降，漏电流增加，发热、爆裂、漏液等，引发不安全隐患。

5）各种变压器长期工作后，灰尘、油腻会引起阻燃性能和绝缘性能的下降，有可能引发放电、打火、燃烧。

6）电源线、塑料壳、印制电路板等老化后，可能引起绝缘性能下降，造成短路、触电等危险。

（2）电视机的不安全隐患处理

1）显像管爆炸。荧光屏是显像管的组成部分之一，它是一种脆性玻璃材料。普通玻璃在破碎时会形成大小不一的碎片，显像管的真空特性会使这种破碎的发生变得更加容易，爆炸形成的碎片会自由地飞开，以至于飞到观众区造成伤害。显像管爆炸的原因很多，除自身性质外，还包括热应力和机械应力。

显像管从屏幕大小尺寸和造价的角度讲，分为防爆管和非防爆管。一般情况下，大于 16 cm 的显像管都使用了防爆措施。

显像管是电视设备的显示系统的主要组成部分，从电视机开始工作起，其整体环境温度就开始上升，直到稳定为止，电视机关闭后，环境温度开始下降，并最终与室温平衡。在整个过程中，由于显像管自身结构和在整机电路中所处的位置的原因，其不同部位的瞬时温度和温度变化是不同的。因此，必须考虑温度变化的因素。

除此之外，显像管荧光屏直接暴露在外面，容易被划伤。另外，在使用和运输过程中容易受到撞击，所以应注意以上两方面因素对显像管质量和寿命的影响。

2）触电。触电是电视机在安装、调试过程中存在的隐患之一。电视机的电源部分、行场扫描电路、容量较大的电解电容，都容易造成触电，所以在电视机的安装、调试及使用过程中，必须严格遵守操作规程。机内有高压，非专业人员不得自行打开电视机机壳。

第二节　功能调试

培训目标

- → 掌握供电电源电压、电流和供电位置的标准及测试方法
- → 能够对整机信号通路的工作予以调整及排除故障
- → 能够对功能单元出现的异常或故障缘由进行分析、判断并排除

一、按标准检查供电系统

1．检查电源配置的安全性

我国规定电网电压的范围是（220 ± 22）V，所以，在使用前检查电源电压在规定允许范围内，对保证产品安全使用是非常必要的。

2．供电电源的测试

（1）收音机供电电源的测试。在收音机供电电源测试前先检查开关是否灵敏、可靠，然后使用万用表直流电压挡进行测试即可。

（2）黑白电视机供电电源的测试

1）直流稳压电源电路的技术指标。直流稳压电源电路需要调试的技术指标有额定输出电压、直流空载特性、电压调整率、纹波系数等。直流稳压电源电路技术指标见表 3—1。

表 3—1 直流稳压电源电路技术指标

指标名称	参数代号	技术要求
交流输入电压	U_i	(220 ±22) V, 50 Hz
直流输出电压	U_0	(10 ±0.2) V
输出电压调节范围	$U_{min} \sim U_{max}$	8 ~12 V
电压调整率	S_U	< ±5%
电流调整率	S_I	< ±5%
纹波电压	$U_纹$	<10 mV（有效值）
输出直流电流	I_o	0 ~0.8 A

2）直流稳压电源电路测试

①静态检查与测试。首先检查装配质量，主要检查元器件有无装错，特别是有极性的元器件不能装错方向和位置，焊点有无虚焊、漏焊和错焊等。

在图 1—4 所示黑白电视机电路图和图 1—26 黑白电视机印制电路板图中，安上熔丝，断开负载（即断开 J7 和 R21），用万用表 $R \times 100\ \Omega$ 挡测量稳压电源的输入端（熔丝座）、输出端（U1 散热片）对地电阻，它们对地正、反向电阻均应在数千欧姆左右，如果相差太大，可能存在电路安装错误。

②空载测试。确定电源部分安装无误后方可通电，此时仍不接负载，将万用表直流电压挡并接在稳压电路的输出端，插上电源线插头，打开电源开关（POWER），调整取样电阻 RP4，使输出电压达到 9.5 ~10 V。若输出电压大于 14 V 或为 0 V，应立即切断电源查明原因。

③带载测试。断开交流输入电源，用万用表 $R \times 10\ \Omega$ 挡测量负载对地（即 J1 对地）的正、反向电阻，阻值均应在数十欧姆。接通负载，通电后再次测量稳压电源的输出电压，应与空载时基本一样，此时测量 CD2915 的⑳脚和 LM386 的⑥脚对地电压应比稳压电源输出电压低 0.2 V 左右。

经过以上调试过程，可以判定直流稳压电源电路部分能正常工作，并且负载无明显断路故障，则可以进行下一步的调试。

二、整机信号通路的检查和调整

1. 依据工艺文件设计调试方案

电子产品在装配结束后必须经过调试，使之能够达到规定的性能指标。由于无线电设备电路设计的近似性、元器件的离散性和装配工艺的局限性，装配完成后的电子设备一般都需要进行不同程度的调试。正确地拟定调试方案，直接关系到产品的质量，关系到各级电气电路和机械结构能否达到最佳的工作状态或达到预定的各项性能指标。一般情况下，产品调试方案的内容包括确定调试所需的仪器和调试工具、确定调试的内容等。

（1）调幅收音机调试方案

1）调试主要技术参数所需仪器。调幅收音机在进行主要参数调试过程中需要使用的仪器清单见表 3—2。

表 3—2　　调幅收音机主要参数调试使用仪器清单

序号	测试仪器	数量	备注
1	XFG－7 型高频信号发生器	1 台	可根据实际情况选择测试仪器的型号
2	DT890A 型数字万用表	1 只	
3	MF－47 型指针式万用表	1 只	
4	DA－16 型交流毫伏表	1 只	
5	日立 V－212 型示波器	1 台	
6	ZQ4126 型失真度测量仪	1 台	

2）收音机调试流程。收音机调试流程如图 3—8 所示。

图 3—8　收音机调试流程图

（2）黑白电视机调试方案

1）调试主要技术参数所需仪器。黑白电视机在进行主要参数调试过程中需要使用的仪器清单见表 3—3。

表 3—3　　黑白电视机主要参数调试使用仪器清单

序号	测试仪器	数量	备注
1	彩条信号发生器	1 台	可根据实际情况选择测试仪器的型号
2	DT890A 型数字万用表	1 只	
3	MF－47 型指针式万用表	1 只	
4	DA－16 型交流毫伏表	1 只	
5	日立 V－212 型示波器	1 台	
6	ZQ4126 型失真度测量仪	1 台	
7	BT－3 型扫频仪	1 台	
8	10 V 直流稳压电源	1 台	

2）黑白电视机调试流程。黑白电视机调试流程如图 3—9 所示。

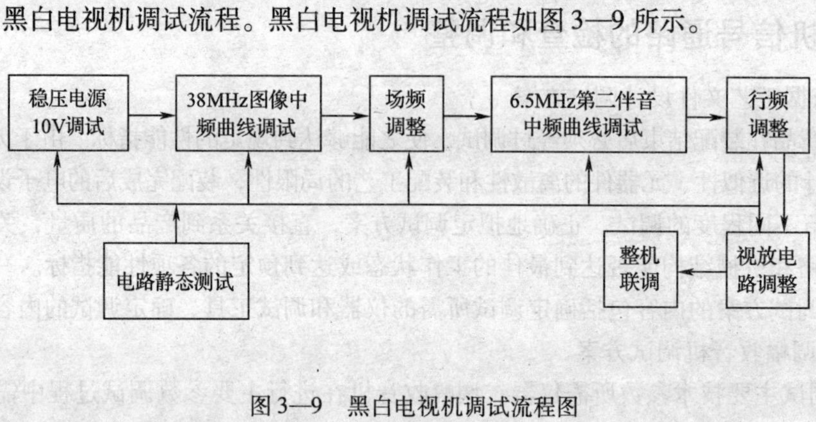

图 3—9　黑白电视机调试流程图

2. 检测整机电路各信号通路

调幅收音机、黑白电视机均采用超外差接收方式，所以，整机电路信号通路都必须具有从高频电磁波转换为固定中频信号的过程。

（1）调幅收音机整机电路各信号通路检查

1）调幅收音机整机电路信号转换过程。调幅收音机采用超外差接收方式，从频率转换角度分析整机信号工作流程如下：收音机接收到的高频电磁波的频率范围是525～1 605 kHz，经混频电路后转换成固定的中频信号输出，其中频频率为465 kHz。检波电路是从中频调幅波中将音频信号的包络解调出来，经低放和功放后输出声音。

2）调幅收音机整机电路各信号通路检查。在调幅收音机调试过程中，通过调试频率覆盖范围，检测收音机接收高频电磁波的情况，具体检测过程参见本单元第三节指标调试中的频率覆盖调试。

中频检测主要是将中频频率调整在（465±5）kHz范围内，具体调试过程参见本单元第三节指标调试中的中频电路指标调试。

低放和功放电路检测主要是检测收音机的输出，可通过检测频率响应确定，具体调试过程参见本单元第三节指标调试中的低放电路指标调试。

（2）电视机整机电路各信号通路检查

1）黑白电视机整机电路信号转换过程。黑白电视机采用超外差接收方式，从频率转换角度分析整机信号工作流程如下：电视机将从天线上接收到的高频电磁波转换成固定的中频输出，其中图像中频为38 MHz，伴音中频为31.5 MHz。图像中频信号经视频检波器检波后得到0～6 MHz的视频全电视信号。同时，将图像中频和伴音中频差拍得到6.5 MHz的第二伴音中频信号，第二伴音中频信号经鉴频，还原成音频信号，经低放和功放后，推动扬声器发声。视频全电视信号经预视放后，至视频输出。同时，视频全电视信号经消噪电路后，送到同步分离电路，取出行、场同步信号，控制行、场扫描同步。

2）黑白电视机整机电路各信号通路检查。将天线上接收到的高频电磁波转换成固定的中频输出是由高频调谐器完成的，高频调谐器是公共通道主要组件之一，对中频电路进行调试参见本单元第三节指标调试中的图像中频通道的调试。

伴音通道信号处理过程主要是经过CD2915处理后输出的音频信号，送到功放集成电路KA386中进行放大，然后推动扬声器发声的过程，具体检测过程参见本单元第三节指标调试中的伴音通道调试。

扫描电路的信号检测主要是检测行、场扫描电路的频率，具体检测过程参见本单元第三节指标调试中的扫描电路调试。

（3）整机电路各信号通路检查注意事项。在进行收音机、电视机整机信号通路检查时，应注意以下问题：

1）收音机、电视机各信号通路检查时都必须在各部分电路静态工作正常状态下进行，如有故障，必须将故障排除以后再进行检测。

2）测量时，特别是在路检测时，一定要避免造成人为短路故障。

3）检测时要按照安全规程文明操作，注意安全。

三、检测各功能单元的功能

1. 依据工艺文件明确各功能单元的功能

（1）调幅收音机各单元功能

1）输入级、变频级的功能。输入级、变频级有以下 3 个方面的功能：

①接收 525 ~ 1 605 kHz 的高频信号，并加以选择和放大。

②利用本机振荡电路产生一个比外来高频信号频率高出 465 kHz 的等幅高频振荡信号。

③将接收到的外来高频信号和本机产生的振荡信号送到混频电路中，利用混频电路的非线性得到固定的中频信号，其频率为 465 kHz。

2）中频放大级的功能。把变频级送来的固定频率为 465 kHz 的调幅波进行高增益的放大，一般放大 60 dB 左右。同时，要有合适的频带宽度，一般应为 10 kHz 左右。

3）检波级及自动增益控制电路的功能。把需要的低频信号从 465 kHz 的载波中解调出来，再送给低频放大级进行放大。除此之外，检波级输出自动增益控制信号，控制中频放大电路的增益，即当接收强电台信号时，使收音机增益自动减小；当接收弱电台信号时，使收音机增益自动增加，最终使输出保持稳定。

4）低频放大电路的功能。放大低频信号，满足末级功率放大级所需的低频信号强度，使收音机获得足够的功率输出。

5）功率放大电路的功能。将低频放大后的输出信号再加以放大，以达到规定的输出功率，推动扬声器发出足够大的声音。

（2）黑白电视机各单元功能

1）高频调谐器的功能。高频调谐器的主要作用是把天线接收到的电视信号进行选择、放大，并进行频率变换，输出 38 MHz 的图像中频信号和 31.5 MHz 的伴音中频信号。

2）中频公共通道的功能。公共通道是指中频图像信号和中频伴音信号共同通过的电路。图像中频信号经放大后，由检波器还原成视频信号。同时，利用检波器的非线性，将图像中频和伴音中频进行差拍，得到 6.5 MHz 的第二伴音中频。视频检波输出信号，经预视放后分 3 路输出：

①送至视频放大输出级，放大到足够大的幅度，激励显像管阴极，重现图像。

②送至自动消噪电路抑制干扰脉冲后，一路控制中放电路和高放电路增益；另一路送到同步分离电路。

③送到伴音通道，利用 6.5 MHz 三端陶瓷滤波器取出第二伴音中频后，进行伴音处理。

3）伴音通道的功能。伴音通道的作用是将公共通道中输出的 6.5 MHz 第二伴音中频信号经伴音中放电路放大、限幅，再经鉴频器还原成音频信号，送入低频放大器放大到足够的功率，推动扬声器发出声音。

4）扫描系统的功能。扫描系统包括同步分离电路，行、场扫描电路。

同步分离电路的作用是从全电视信号中分离出复合同步信号，并用它们控制行、场扫描电路，使其与发送端的扫描信号同步。

行、场扫描电路的主要作用是向行、场偏转线圈提供符合要求的行、场锯齿形电流，以保证显像管内电子束扫描形成正确的同步扫描光栅；向亮度输出级和解码电路提供所需的行场消隐脉冲信号；利用行扫描逆程产生的高压脉冲，经整流后，作为整机电路、显像管正常发光所必需的高压和中压。

5）电源电路的功能。电源电路的作用是将 220 V 的交流市电变换后，输出稳定的直流电压，为电视机各单元电路提供正常工作所需的电压。

2. 各功能单元的功能检测

（1）调幅收音机各单元功能检测。调幅收音机输入级功能检测参见本单元第三节指标调试中的频率覆盖范围调整；变频级功能检测参见本单元第三节指标调试中的中频频率调整；检波、低放及功放部分功能检测参见本单元第三节指标调试中的低放电路各项指标调整。

（2）黑白电视机各单元功能检测。黑白电视机中频公共通道的功能检测参见本单元第三节指标调试中的信号通道的调试；伴音通道功能检测参见本单元第三节指标调试中的伴音通道的调试；行、场扫描电路功能检测参见本单元第三节指标调试中的行、场扫描电路参数指标的调整；电源电路的功能检测参见本单元第三节指标调试中的黑白电视机供电电源的测试。

第三节　指标调试

培训目标

→ 能够按照工艺规定使用仪器、仪表对整机性能指标逐项进行调试

→ 能够发现功能单元互连时出现的异常或故障并能迅速予以排除

→ 能够根据整机要求调校分功能单元

一、仪器、仪表的校准与检验

在进行电子产品功能及指标调试前，必须对所用的仪器、仪表进行校准与检验。在进行调幅收音机、黑白电视机的功能及指标调试时，需要用到很多仪器仪表，如万用表、毫伏表、示波器、高频信号发生器、调频调幅中频扫频仪、频率特性测试仪、失真度仪、彩条信号发生器等，有关这些仪器的校准与检验参见本书第 1 单元第二节整机测量使用的仪器仪表准备部分。

二、各功能单元指标调试

1. 依据工艺文件明确各功能单元指标要求

（1）调幅收音机各功能单元指标要求。调幅收音机主要技术指标见表 3—4。

表 3—4　调幅收音机主要技术指标

序号	技术指标	要　求
1	频率范围	525 ~ 1 605 kHz
2	中频频率	(465 ± 5) kHz
3	灵敏度	< 1.5 mV/m
4	信噪比	≥30 dB
5	单信号选择性	≥6 dB
6	最大不失真功率	> 100 mV · A

（2）黑白电视机各功能单元指标要求

1）直流稳压电源电路指标要求。直流稳压单元电路指标要求参见表 3—1。

2）公共通道指标要求。公共通道指标要求见表 3—5。

表 3—5　公共通道主要技术指标

序号	技术指标	要　求
1	增益	公共通道总增益为 60 ~ 65 dB（其中预中放为 20 ~ 25 dB；声表面波为 − 18 ~ 24 dB；集成电路为 60 ~ 65 dB）
2	带宽和频率特性	带宽和频率特性参见图 1—8 中放幅频特性曲线
3	选择性	大于 20 dB（相对于图像中频 38 MHz）
4	自动增益控制（AGC）特性	中放 AGC 控制范围大于 40 dB，高放 AGC 延迟于中放 AGC 为 26 ~ 30 dB

3）伴音电路指标要求。伴音电路指标要求见表 3—6。

表 3—6　伴音电路指标要求

序号	技术指标	要　求
1	灵敏度	当输入 1 mV，鉴频器输出音频信号电压应 > 45 mV
2	增益	> 60 dB
3	通频带	250 ~ 300 kHz
4	S 形鉴频曲线	零点为 6.5 MHz，频偏 < 20 kHz，S 形曲线上下对称
5	不失真功率	> 0.5 W

4）扫描电路指标要求。扫描电路指标要求见表 3—7。

表 3—7　扫描电路指标要求

序号	技术指标	要　求
1	图像重现率	水平和垂直方向均能满幅，接收图像测试信号，图像重现率水平方向 > 87%，垂直方向 > 91%
2	线性	线性良好，水平非线性失真 < 10%，垂直失真 < 8%，聚焦良好
3	场频	(50 ± 5) Hz

续表

序号	技术指标	要　求
4	场同步范围	≥ ±5 Hz
5	行频	(15 625 ±300) Hz
6	行同步范围	≥ ±300 Hz
7	静态工作电流	≤750 mA (场 200 mA、行 500 mA)

5）整机收视指标要求。整机收视指标要求见表 3—8。

表 3—8　　整机收视指标要求

序号	技术要求
1	接收电视信号位于屏幕中心
2	行重现率≥87%，场重现率≥91%
3	行线性失真≤12%，场线性失真≤9%
4	收看图像时稳定清晰，声音洪亮、清楚，图像、声音无明显失真

2. 各功能单元指标调试

（1）调幅收音机各功能单元指标调试

1）调幅收音机静态指标调试

①装接质量复检。收音机电路板装配结束后，首先要对照电路图、装配图以及印制电路板图等检查元器件的安装质量，检查有无错装、漏装存在；其次，要检查焊点质量是否符合工艺要求。经检查装接质量符合要求，可通电进行静态调试。

② 测量整机静态总电流。测量电流时的电路连接如图 3—10 所示，将万用表旋到 100 mA 直流电流挡，两表笔跨接在电源开关的两端（图中带开关音量控制电位器），此时电源开关为断开状态，若指针反偏，应将表笔对调，测量总电流。正常情况下，本机总电流约为（10 ±2）mA。测量时可能有以下 4 种结果，具体原因详见表 3—9。

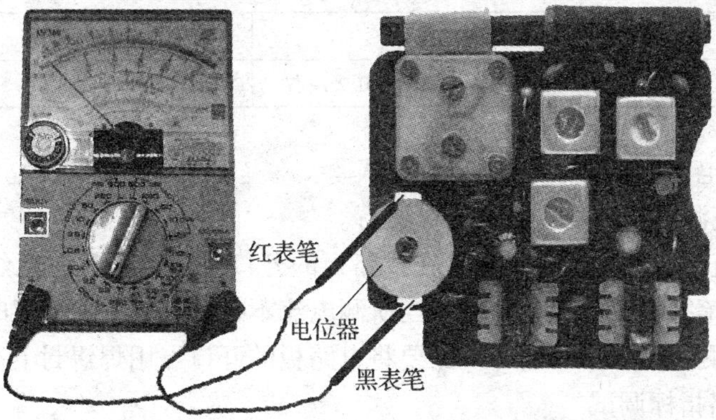

图 3—10　整机静态总电流测试电路

表 3—9　　整机静态总电流分析

序号	电流取值	结果分析
1	总电流为 0 mA	原因可能是电源引线已断，或者是由于电源的引线及开关虚焊，如果以上部分完好，应检查印制电路板，查看有无断裂处
2	总电流为 30 mA 左右	原因可能是 C7，振荡线圈 T2 与地不相通的一组线圈，即 T2 次级，T3、T4（内部线圈与外壳），输入变压器 T5 初级，V1、V2、V4 的集电极对地发生短路，或者是印制板上有桥接存在等
3	电流为 15 ~ 20 mA	电阻 R7 阻值偏小，可将原来的 620 Ω 电阻更换为 1 kΩ 电阻
4	电流很大，指针满偏	原因可能是由于输出变压器初级对地短路，或者 V5 或 V6 集电极对地短路（可能是 V5 或 V6 的 ce 结击穿或搭锡所致）

③测试静态工作点电压值。经测试整机静态总电流符合要求后，将收音机打开，分别测量三极管 V1 ~ V6 的基极、发射极、集电极对地的电压值。需要指出，测量时表笔一定要防止测量点与相邻点短路。三极管各极对地电压标称值见表 3—10。

表 3—10　　三极管各极对地电压标称值

测试管	发射极电压（V）	基极电压（V）	集电极电压（V）
V1	1.1 ~ 1.3	1.4 ~ 1.9	2.5
V2	0	0.7	2.5
V3	0.05	0.7	1.7
V4	0	0.7	1.9
V5	0	0.65	3
V6	0	0.65	3

④测试静态工作点电流值。三极管 V1 ~ V6 的集电极参考电流见表 3—11。

表 3—11　　静态工作点集电极电流参考值

测试管	V1	V2	V3	V4	V5	V6
集电极电流（mA）	0.4 左右	0.1 ~ 0.2	0.2 左右	1.5 左右	1 ~ 2.5	1 ~ 2.5

静态工作点电流测试注意事项：

a. 静态电流测量调整从后级往前级进行。

b. 测量电流时，万用表必须串接在线路板的开口点中，并且注意红表笔接电路的高电位端，黑表笔接电路的低电位端。当所测电流不符合表 3—11 要求时，可以调整相关的偏置电阻。测量调试结束后，一定要将电路板的开口点用焊锡封上。

2）低放电路指标调试

①低放电路指标调试仪器接线。低放电路指标调试仪器接线框图如图 3—11 所示。

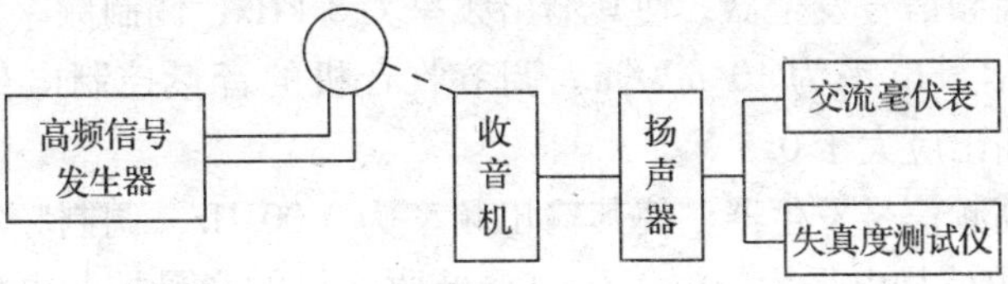

图 3—11　低放电路指标调试仪器接线框图

②失真度测试

a. 要求。整机谐波失真度应小于 12%。

b. 测试方法。高频信号发生器发送测试信号，交流毫伏表测输出电压，用失真度测试仪测量收音机的失真度。

c. 失真度测试步骤

第一，调节高频信号发生器，使其输出频率为 1 000 kHz，调制频率为 1 000 Hz，调制度为 80%，输出信号电平为 10 mV/m。

第二，调节收音机音量控制电位器，使毫伏表指示为 1 V。

第三，测量整机电压谐波失真度，读出此时失真度仪的读数。失真度仪的读数即为整机电压谐波失真度。

③ 最大有用功率的测试

a. 要求。$f=1$ kHz 时，输出电压应大于 1.3 V。

b. 测试方法。高频信号发生器发送测试信号，用交流毫伏表测输出电压。

c. 最大有用功率测试步骤

第一，调节高频信号发生器，使其输出频率为 1 000 kHz，调制频率为 1 000 Hz，调制度为 30%，输出信号电平为 10 mV/m。

第二，调节收音机音量控制电位器，使收音机输出为标准输出功率。

第三，调节音量控制电位器，增加输出功率，同时监测失真度仪的指示，当电压谐波失真度为 10% 时的输出功率即为最大有用功率，记录此时的电压表读数。

第四，若交流毫伏表读数为 U，标准负载电阻为 R，则有功率为：

$$P=\frac{U^2}{R}$$

开大音量控制电位器，输出电压应大于 1.3 V，如果达不到此电压值，可重调 R5，但 V4 的集电极电流一般不能超过 5 mA。

④ 频率响应的测试

a. 要求。$f=1$ kHz 时，输出电压应大于 1.0 V；$f=3$ kHz 时，输出电压应大于 0.5 V；$f=300$ kHz 时，输出电压应大于 0.6 V。

b. 测试方法。高频信号发生器发送测试信号，交流毫伏表检测收音机的输出电压。

c. 频率响应的测试步骤

第一，调节高频信号发生器，使其输出频率为 1 kHz，调制频率为 1 000 Hz，调制度为 30%，输出信号电平为 10 mV/m。调节收音机的音量电位器，失真度小于 10% 时，收音机输出应大于 1 V。

第二，调节高频信号发生器，使其输出频率为 3 kHz，调制频率为 1 000 Hz，调制度为 30%，输出信号电平为 10 mV/m。调节收音机的音量控制电位器，失真度小于 10% 时，收音机输出应大于 0.5 V。

第三，调节高频信号发生器，使其输出频率为 3 00 Hz，调制频率为 1 000 Hz，调制度为 30%，输出信号电平为 10 mV/m。调节收音机的音量控制电位器，失真度小于 10% 时，收音机输出应大于 0.6 V。

3）中频电路指标调试。整机电路中可调元件位置图如图 3—12 所示。

图 3—12　可调元件位置图

①中频电路指标调试仪器接线。中频电路指标调试仪器接线框图如图 3—13 所示。

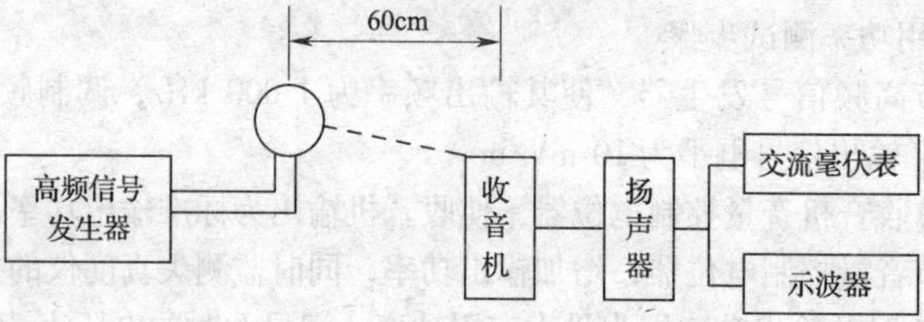

图 3—13　中频电路指标调试仪器接线框图

②仪器调节。调节高频信号发生器，使其输出频率为 465 kHz，调制频率为 1 000 Hz，调制度 30%，输入信号电平为 10 mV/m，载波电平置 1 V 挡，交流毫伏表量程置 3 V 挡。

③中频频率调试

a. 要求。中频频率调整到（465 ±5）kHz。

b. 中频频率调试步骤

第一，打开收音机开关，频率盘放在最低位置（530 kHz），如有电台干扰，可先微调本机振荡回路 T2 的磁心。

第二，高频信号发生器“输出微伏”逐步加大，听到 1 000 Hz 声音，示波器显示正弦波，交流毫伏表有电压指示。

第三，用无感旋具，按顺序从后级往前级逐一微调 T4 和 T3 的中周磁帽，直至声音最大，示波器、毫伏表上的显示最大。

第四，减小输入信号和音量，反复细调中周至输出最大，不再变化。

第五，用高频蜡将 T4 和 T3 的中周磁帽封好。

④注意事项

a. 在调试过程中如果有中频增益过低、自激或者无信号情况出现，应先进行维修，然后再进行中频调试。

b. 经过中频调整以后的收音机，如发现中频偏离，出现干扰信号，均属于未调整好。

c. 中频调试结束后，用高频蜡将中周磁帽封好，此时需再次检查中频频率是否为 465 kHz，如有偏离，必须重新调整。

4）频率覆盖调试

① 频率覆盖调试仪器接线。频率覆盖调试仪器接线与中频电路指标调试仪器的接线方法相同，如图 3—13 所示。

② 频率覆盖调试目的。使双联电容器从全部旋入到全部旋出，所接收的频率范围恰好是整个中波波段，即 525 ~1 620 kHz。

③频率覆盖调试过程

a. 低端频率调整

第一，调节高频信号发生器，使其频率输出为 520 kHz，调制频率为 1 000 Hz，调制度为 30%，“载波电压”置 1 V，输出信号电平为 10 mV/m。

第二，调节交流毫伏表量程置 3 V 挡。

第三，将收音机调至 530 kHz，用无感旋具调整 T2（振荡线圈），找到响点，继续调节 T2 使交流毫伏表指示最大，此时收音机信号声最强。需要指出，切不可调节其他中周的磁心。

b. 高端频率调整

第一，调节高频信号发生器，使其频率输出为 1 620 kHz，调制频率为 1 000 Hz，调制度为 30%，“载波电压” 置 1 V，输出信号电平为 10 mV/m。

第二，调节交流毫伏表量程置 3 V 挡。

第三，将收音机调至 1 620 kHz，用无感旋具调节 C1b′的电容量，找到响点，继续调节 C1b′的电容量，使交流毫伏表指示最大。

重复上述低端频率调整和高端频率调整过程，直到收音机的接收频率范围在 525 kHz ~ 1 620 kHz 输出无变化为止。

5）三点统调

① 三点统调仪器接线。三点统调仪器接线框图如图 3—14 所示。

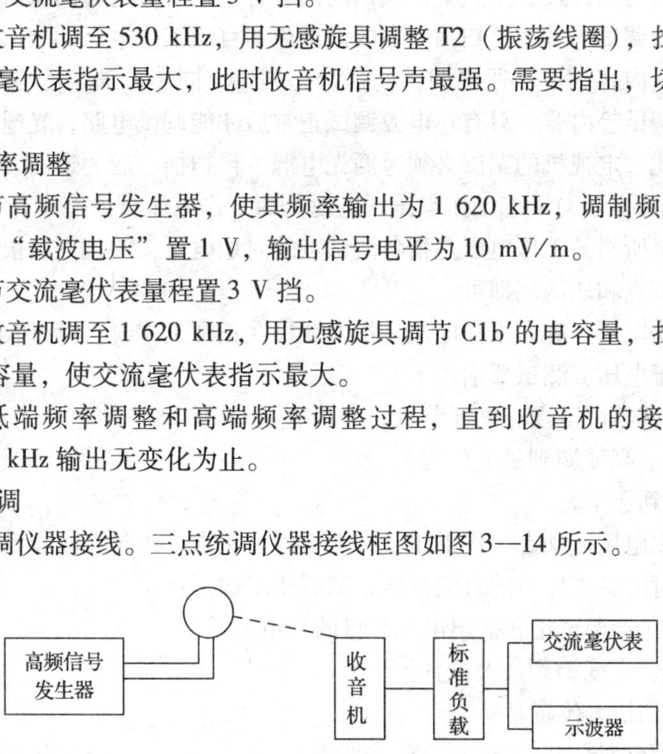

图 3—14　三点统调仪器接线框图

②三点统调的目的。使本机振荡频率始终比输入回路的振荡频率高出一个固定的中频频率 465 kHz。

③三点统调过程

a. 600 kHz 调整

第一，调节高频信号发生器，使其频率输出为 600 kHz，调制频率为 1 000 Hz，调制度为 30%，“载波电压”置 1 V，输出信号电平为 10 mV/m。

第二，调节交流毫伏表开关挡位，置 3 V 挡。

第三，调整收音机调谐旋钮，使其指针在刻度 600 kHz 位置，调整天线线圈在磁棒上的位置，使示波器、毫伏表指示输出最大。

b. 1 500 kHz 调整

第一，调节高频信号发生器，使其频率输出为 1 500 kHz，调制频率为 1 000 Hz，调制度为 30%，“载波电压”置 1 V，输出信号电平为 10 mV/m。

第二，调节交流毫伏表开关挡位，置 3 V 挡。

第三，调整收音机调谐旋钮，使其指针在刻度 1 500 kHz 位置，调整电容 C1a′的容量，使示波器、毫伏表指示输出最大。

重复上述 600 kHz 和 1 500 kHz 频率调整过程，直到收音机输出最大，并且无变化为止。调整结束后，可用高频蜡将线圈固定在磁棒上。

（2）黑白电视机各功能单元指标调试。XL－2003 型黑白电视机采用单片集成电路设计，需要调试的部件较少。主要需调试的内容有低压直流电源的调试、扫描电路的调试和信号通道的调试。其中，扫描电路的调试包括直流工作电压的测试、波形的测试和光栅的调试 3 项内容；信号通道调试包括静态调试，同步检波、鉴频和视放电路的调试，以及图像调试等内容。只有在电源调试正常后才能调试电路，光栅调出后才能调试信号通道，因此，电视机的调试必须遵循先电源、再扫描、后通道的顺序。

1）静态工作电压与动态工作电压。电视机的工作电压有静态工作电压和动态工作电压两种。这里所指的工作电压是指各测试点的对地电压，测试方法很简单，只要将万用表并接在测试点和地两端即可。

①静态工作电压。静态工作电压是指电视机在正常工作时，没有收到电视信号时的各工作点的直流电压，测试要求如下：

a. 电子调谐器调至没有电视节目的空频道上。

b. 对比度、亮度调到最大位置。

c. 音量调到最小。

②动态工作电压。动态工作电压是指电视机在正常工作时，收看到电视节目并有清晰的图像显示时的各工作点的直流电压，测试要求如下：

a. 电子调谐器调至正在播出电视节目的频道上。

b. 对比度、亮度调到最大位置。

c. 音量调到最大位置。

2）扫描电路调试

①扫描电路的调试方法。利用仪器调试扫描电路时，主要是使用示波器进行调试，

示波器可以直观地显示行、场扫描电路的电压波形和同步脉冲，并且能够测量幅度及周期，因此能够有效地显示行、场扫描电路的工作频率和扫描时间的调整，以便调试出最佳的同步分离效果。由于集成电路的使用，电路的主要指标只要电路正常工作，一般均可以建立，因此也为使用万用表和感观对扫描电路进行调试提供了方便。扫描电路的一般调试方法有以下 3 种。

a. 电压电流监测调试方法。电视机正常工作时，各部分电路的平均电流大致有一个正常的范围。另外，还有一些关键点的直流对地电压和电路的工作状态密切相关，如行输出管的基极和集电极电压、OTL 场输出电路的中点电压等。这些电压和电流就为电压电流的监测调试提供了依据。

b. 利用示波器进行调试。利用示波器观测电路中某些测试点的波形，进行定量调试也是扫描电路调试中常用的方法。

c. 直观监测调试方法。电视机的声音、光栅、图像都是可以直观感受的，因此可以根据它们的效果和质量来指导调试。在扫描电路的调试中，主要观察光栅的幅度、亮度、线性、清晰度和中心位置，并对相应电路进行调整直到获得亮度均匀、尺寸适当、扫描清晰、位置居中、无明显几何失真的光栅为止。

② 行扫描电路调试

a. 行扫描电路静态调试。首先用万用表直流电压挡测量行输出管 V10 的集电极对地电压，测量 CD2915 的⑰、⑱脚对地电压，与表 3—12 和表 3—13 对比，应基本相符。再用一支验电笔靠近行输出变压器，若氖管发光，表明有高压生成，即可认为行扫描电路工作正常，此时行扫描电路带载时的平均工作电流应在 200 mA 左右。

单元 3

表 3—12　　CD2915 各引脚对地参考电压　　V

引脚号	1	2	3	4	5	6	7	8	9	10	11	12	13	14
静态	4.5	5.2	1.8	7.4	3.85	6	2.85	2.85	4.45	4.45	2.85	2.65	3.5	6.3
动态	4.5	5.2	1.8	4.7	3.85	6.5	2.85	2.85	4.45	4.45	2.5	2.65	3.5	6.3
引脚号	15	16	17	18	19	20	21	22	23	24	25	26	27	28
静态	6.3	8.8	1.1	4.9	4.7	9.2	0	3	0.6	4.6	0.18	2.67	0	4.5
动态	6.3	8.8	1.1	4.9	4.7	9.2	0	3	0.6	4.45	0.16	2.58	0	4.5

表 3—13　　三极管各极对地参考电压　　V

测试管	V1	V3	V4	V5	V6	V7	V8	V9	V10	V11
e 极	2.05	1	6.2	0	4.9	4.65	2.95	0	0	14
b 极	2.8	1.65	5.74	0.6	5.45	4.93	3.05	0.37	-0.03	13.4
c 极	9	13.45	1.7	4.95	9.45	0	83	16	16	9.5

b. 利用示波器观测波形。将示波器的时间灵敏度旋钮调至 20 μs/div，*Y* 轴输入电压量程应大于输入电压峰 - 峰值的 1/10（考虑示波器探头的 10 倍衰减），分别观察 CD2915 的⑰脚、⑱脚和 V9、V10 集电极的逆程电压波形，并记录。

③ 场扫描电路调试

a. 场扫描电路静态调试。首先用万用表直流电压挡测量 CD2915 的㉔、㉕、㉖脚以及 V5、V6、V7 各极对地电压，与表 3—12 和表 3—13 对比，应基本相符。然后测量场扫描电路的中点电压，即 C37 正极电压应等于供电电压（C23 正极）的一半。静态工作点正常后，应在屏幕上显示光栅，若光栅有闪烁，可调节场扫描同步电位器旋钮 V－HOLD，使闪烁消失，这时场扫描频率基本接近 50 Hz。再调节场幅可变电阻 RP5，使光栅满幅。

b. 利用示波器观测波形。将示波器的时间灵敏度旋钮调至 5 ms/div，*Y* 轴增益量限大于被测电压峰－峰值的 1/10（考虑示波器探头的 10 倍衰减），分别观察场振荡锯齿波形成（CD2915 的㉔脚）和场输出电路的输出脉冲电压（C37 正极）波形，并记录。

3）显像管附属电路的调试。显像管附属电路的调试比较简单，一般用万用表电压挡测量显像管管座⑥脚对地直流电压在 100 V 左右，③脚对地有 12 V 左右的交流电压（即显像管灯丝电压），荧光屏上有合格的光栅产生，此时可以认为显像管附属电路正常工作。

4）光栅的调试

①光栅位置的调试。移动偏转线圈上的中心位置调节磁环，使光栅位置居中，即上、下、左、右均不露边；当光栅出现倾斜时，应旋转偏转线圈使光栅上下边沿呈水平线。如果光栅出现暗角，旋转偏转线圈和调节中心位置均不能消除，可考虑更换偏转线圈或显像管。如果行幅不满幅，可适当提高稳压电源的输出电压，但最高不能超过 10.5 V；若还不满幅，可增大行逆程电容 C10 的容量，但这会引起亮度降低。

单元 3

②亮度和清晰度的调整。调节 1 MΩ 的亮度电位器，光栅最亮时应满足白天收看的要求，并且不出现回扫线和明显的散焦；最暗时能使光栅消失，即能将亮度关“死”。如果发现亮度不受控制，需检查亮度控制电路是否存在开路故障以及显像管栅极是否可靠接地。当出现亮度偏小或散焦现象时，要检查显像管加速极电压、聚焦极电压和阳极高压是否正常。

5）信号通道的调试

①图像中频通道的调试。集成电路的图像中频通道的频率特性是由声表面波滤波器决定的，因此一般不需要调试。集成中放电路的增益也由集成电路的内部电路芯片确定，因此只要调好同步检波，就可以达到预定的增益指标，而本机的同步检波电路的选频回路采用了 38 MHz 的陶瓷陷波器，已将同步检波固定在最佳状态，因此不必再做调整。调试时应检查以下方面：

a. 前置中放管 V1 各极对地直流电压，与表 3—13 对照，应基本相符。

b. 检查 IC1（CD2915）的①、②、③、④、⑤、⑭、⑮、㉘脚的对地静态直流电压，与表 3—12 对照，应基本相符，特别是中放和高放 AGC 电压（CD2915 的④脚和③脚）、视频信号输出电压（CD2915 的⑤脚），不能有太大的偏差。

c. 测量 C7 两端的电压，正常值为 33 V，调节调谐电位器 RP1，使调谐电压（电子调谐器的④脚对地直流电压）为 0～30 V。

②视放输出电路的调试。首先检查视放管 V8 各极对地电压，与表 3—13 对照应基

本符合，若视放管集电极电压为零或比正常值偏高或偏低很多（正常值为 80 V 左右），表明视放输出电路没有正常工作，应检查电路，排除故障。如果屏幕上出现回扫亮线，则要检查消隐电路和视放管的性能。

③同步电路的调试。对于由集成电路构成的同步分离电路，只要 CD2915 的⑲、㉒、㉓脚的对地直流电压与表 3—12 基本相符，即表明同步电路没有故障，同步电路工作正常的电视机在收到电视信号时，在一定范围内调节行频和场同步电位器，图像应能保持稳定。

④电视图像的调试。电视图像的调试是在光栅调整正常的基础上，利用电视信号对电视图像的扫描幅度、线性、中心位置作进一步的校正。

首先使电视机接收到图像测试信号，调整行、场频率使图像稳定。细调偏转线圈和中心位置调节磁环，使图像端正，中心十字线位于屏幕中心。然后将偏转线圈上固定螺钉拧紧，并用热熔胶将偏转线圈和中心位置调节磁环固定，以防止松动。最后，再细调场幅和行幅，将亮度和对比度调至适中即可。

6）伴音通道调试。首先用万用表的直流电压挡测 CD2915 的⑥、⑦、⑧、⑨、⑩脚和功放集成电路 KA386 各引脚的直流对地电压，与表 3—12 和表 3—14 对照，应基本相符。然后在收到电视信号的前提下，用无感旋具调节线性变换网络中的电感 T1，使伴音音量最大、最清晰，噪声最小。

表 3—14　　KA386 各引脚对地直流参考电压　　V

引脚号	1	2	3	4	5	6	7	8
静态电压	1.28	0	0	0	4.7	9.4	4.7	1.28

7）整机总调

①空频道检查光栅。光栅上、下不应该有明显的阻尼条、行脉冲干扰、垂直白条、寄生辐射、明暗不均、自激跳火、麻点飞火、跳跃、滚条等现象。亮度开至最亮时，不应有场回扫线。对比度最小时亮度能关暗。关机后，屏幕中心不应有亮点出现。

②检查面板电位器旋钮的作用。将电视机面板上的亮度、对比度、音量电位器缓慢转动或滑动时，变化应均匀，屏幕上无明显噪声干扰及突跳，扬声器无杂音。

③敲击检查。用橡胶锤敲击印制线路板，光栅应无黑白条或其他不正常的现象出现，扬声器中应无“喀喀”声。对于接收电视测试卡信号，图像上应无黑白条及其他不正常现象出现，图像不应晃动。

④检查图像质量。接收电视测试卡信号，在音量、亮度适中的情况下，调节天线、频道及微调使图像最佳，此时灰度应明显分出 6 级，分辨率应看清 5 MHz 脉冲串；但不应有错格、扭格、顶格、扭曲等现象。

⑤检查伴音质量。当音量电位器开至最大时，声音洪亮，无明显失真，无场频声及杂声，图像上无伴音干扰。

第四节　调试结果记录与处理

培训目标
- 掌握整机测试的方法
- 掌握测试结果记录的方法
- 具有对异常故障原因分析的能力

一、调幅收音机调试全过程记录

1．调幅收音机静态指标调试记录

（1）整机静态总电流测试记录

整机静态总电流 I = ______________mA。

（2）静态工作点电压测试记录。静态工作点电压测试记录见表3—15。

单元 3

表3—15　三极管各极对地电压值

测试管	发射极电压（V）	基极电压（V）	集电极电压（V）
V1			
V2			
V3			
V4			
V5			
V6			

（3）静态工作点电流测试记录。三极管 V1 ~ V6 的集电极电流测试记录见表3—16。

表3—16　静态工作点集电极电流参考值

测试管	V1	V2	V3	V4	V5	V6
集电极电流（mA）						

2．低放电路指标调试记录

（1）失真度测试记录

整机谐波失真度为______________。

（2）最大有用功率测试记录

当电压谐波失真度为10%时，电压表的读数为______________。

（3）频率响应的测试

当 f = 1 kHz 时，输出电压为______________；

当 $f=3$ kHz 时，输出电压为________________；

当 $f=300$ kHz 时，输出电压为________________。

3．中频电路指标调试记录

（1）当收音机收到 1 000 Hz 声音时，观察正弦波的波形，记录交流毫伏表指示电压为________________。

（2）用无感旋具，按顺序从后级往前级逐一微调 T4 和 T3 的中周磁帽，至声音最大，观察示波器显示波形，记录交流毫伏表上显示的最大电压为____________。

4．频率覆盖调试记录

（1）低端频率调整记录。将收音机调至 530 kHz，用无感旋具调整 T2（振荡线圈），找到响点，继续调节 T2 使交流毫伏表指示最大，此时收音机信号声最强。记录交流毫伏表上显示的最大电压为________________。

（2）高端频率调整记录。将收音机调至 1 620 kHz，用无感旋具调节 C1b′的电容量，找到响点，继续调节 C1b′的电容量，使交流毫伏表指示最大。记录交流毫伏表上显示的最大电压为________________。

5．三点统调调试记录

（1）600 kHz 调整记录。调整收音机调谐旋钮，使其指针在刻度 600 kHz 位置，调整天线线圈在磁棒上的位置，使示波器、毫伏表指示输出最大。观察示波器显示波形，记录交流毫伏表上显示的最大电压为________________。

（2）1 500 kHz 调整记录。调整收音机调谐旋钮，使其指针在刻度 1 500 kHz 位置，调整电容 C1a′的容量，使示波器、毫伏表指示输出最大。观察示波器显示波形，记录交流毫伏表上显示的最大电压为________________。

二、黑白电视机调试全过程记录

1．行扫描电路调试记录

（1）行扫描电路静态调试记录

1）行输出管 V10 的集电极对地电压为________________。

2）CD2915 的⑰脚对地静态电压为__________，⑰脚对地动态电压为__________。

3）CD2915 的⑱脚对地静态电压为__________，⑱脚对地动态电压为__________。

（2）行扫描电路波形观测

1）CD2915 的⑰脚波形。

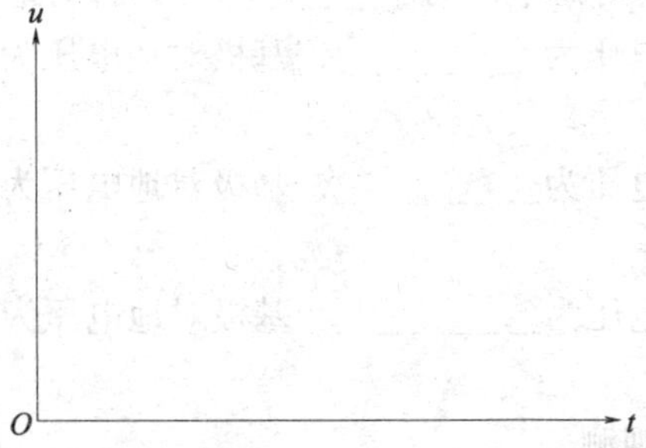

2）CD2915 的⑱脚波形。

3）V9 集电极的逆程电压波形。

4）V10 集电极的逆程电压波形。

2. 场扫描电路调试记录

（1）场扫描电路静态调试记录

1）CD2915 的㉔脚对地静态电压为__________，㉔脚对地动态电压为__________。

2）CD2915 的㉕脚对地静态电压为__________，㉕脚对地动态电压为__________。

3）CD2915 的㉖脚对地静态电压为__________，㉖脚对地动态电压为__________。

4）V5 的发射极对地电压为__________，基极对地电压为__________，集电极对地电压为__________。

5）V6 的发射极对地电压为__________，基极对地电压为__________，集电极对地电压为__________。

6）V7 的发射极对地电压为__________，基极对地电压为__________，集电极对地电压为__________。

（2）场扫描电路波形观测

1）CD2915 的㉔脚波形。

2）场输出电路输出脉冲电压波形（C37 正极）。

3. 信号通道调试记录

（1）图像中频通道调试记录

1）V1 的发射极对地电压为__________，基极对地电压为__________，集电极对地电压为__________。

2）CD2915 的①脚对地静态电压为__________，①脚对地动态电压为__________；
CD2915 的②脚对地静态电压为__________，②脚对地动态电压为__________；
CD2915 的③脚对地静态电压为__________，③脚对地动态电压为__________；
CD2915 的④脚对地静态电压为__________，④脚对地动态电压为__________；
CD2915 的⑤脚对地静态电压为__________，⑤脚对地动态电压为__________；
CD2915 的⑭脚对地静态电压为__________，⑭脚对地动态电压为__________；
CD2915 的⑮脚对地静态电压为__________，⑮脚对地动态电压为__________；
CD2915 的㉘脚对地静态电压为__________，㉘脚对地动态电压为__________。

3）测量 C7 两端的电压为__________；调谐电压（电子调谐器的④脚对地直流电压）为__________。

（2）视放输出电路调试记录。V8 的发射极对地电压为__________，基极对地电压为__________，集电极对地电压为__________。

（3）同步电路调试记录

CD2915 的⑲脚对地静态电压为__________，⑲脚对地动态电压为__________；
CD2915 的㉒脚对地静态电压为__________，㉒脚对地动态电压为__________；
CD2915 的㉓脚对地静态电压为__________，㉓脚对地动态电压为__________。

4．伴音通道调试记录

（1）CD2915 相关引脚对地直流电压测试记录

1）CD2915 的⑥脚对地静态电压为__________，⑥脚对地动态电压为__________；

2）CD2915 的⑦脚对地静态电压为__________，⑦脚对地动态电压为__________；

3）CD2915 的⑧脚对地静态电压为__________，⑧脚对地动态电压为__________；

4）CD2915 的⑨脚对地静态电压为__________，⑨脚对地动态电压为__________；

5）CD2915 的⑩脚对地静态电压为__________，⑩脚对地动态电压为__________；

（2）KA386 各引脚对地直流电压测试记录。将 KA386 各引脚对地直流电压测试记录填入表 3—17 中。

表 3—17　　KA386 各引脚对地直流电压测试记录表　　V

引脚号	1	2	3	4	5	6	7	8
静态电压								

三、调幅收音机常见故障判断及检修

单元 3

1．判断故障位置

（1）判断故障在低放之前还是在低放之中（包括功放）的方法如下：接通电源开关，将音量电位器调至最大，扬声器中没有任何响声，由此可以判定低放部分肯定有故障。

（2）判断低放之前的电路工作是否正常方法如下：将音量调小，万用表拨至直流 0.5 V 挡，两表笔并接在音量电位器非中心端的另外两端上，一边从低端到高端转动调谐盘，一边观看电表指针摆动，且在正常播出一句话时指针摆动次数在数十次左右，即可判断低放之前电路工作是正常的；若无摆动，则说明低放之前的电路中也有故障。这时应先解决低放中的问题，然后，再解决低放之前电路中的问题。

2．故障检修

（1）完全无声故障检修（低放故障）。将音量开大，用万用表直流电压 10 V 挡，黑表笔接地，红表笔分别触碰电位器的中心端和非接地端（相当于输入干扰信号），可能出现 3 种情况：

1）触碰非接地端，扬声器中无“咯咯”声；碰中心端时喇叭有声，这是由于电位器内部接触不良，可更换或修理，排除此故障。

2）触碰非接地端和中心端均无声，这时用万用表 $R\times10\ \Omega$ 挡，两表笔并接碰触扬声器引线，碰触时扬声器若有“咯咯”声，说明扬声器完好。然后，用万用表电阻挡并将表笔点触 T6 二次绕组两端，扬声器中无“咯咯”声，说明耳机插孔接触不良，或者扬声器的导线已断；若有“咯咯”声，则把表笔接到 T6 一次绕组两端，这时若无“咯咯”声，即 T6 一次绕组有断线。

①将 T6 一次绕组中心抽头处断开，测量集电极电流，可能出现 3 种情况：

a．若电流正常，说明 V5 和 V6 工作正常，T5 二次绕组无断线。

b．若电流为 0，可能是 R7 断路或阻值变大；V7 短路；T5 二次绕组断线；V5 或

V6 损坏（V5 或 V6 同时损坏的情况较少）。

c. 电流比正常情况大，可能是 R7 阻值变小；V7 损坏；V5 或 V6 有漏电；T5 一次、二次绕组有短路；C9 或 C10 有漏电或短路。

②测量 V4 的直流工作状态，若无集电极电压，则 T5 一次绕组断线；若无基极电压，则 R5 开路；C8 和 C11 同时短路较少，C8 短路而电位器刚好处于最小音量时，会造成基极对地短路；若红表笔触碰电位器中心端无声，触碰 V4 基极有声，说明 C8 开路或失效。

3）用干扰法触碰电位器的中心端和非接地端，扬声器中均有声，则说明低放工作正常。

（2）无台故障检修（低放前故障）。无台是指将音量开大，扬声器中有轻微的“沙沙”声，但调谐时收不到电台。

1）测量 V3 的集电极电压，若无电压，则说明 R4 开路或 C6 短路；若电压不正常，检查 R4 是否良好。

2）测量 V3 的基极电压，若无电压，则可能是 R3 开路（此时 V2 基极也无电压）、T4 二次绕组断线或 C4 短路。注意此管工作在近似截止的工作状态，所以，它的射极电压很小，集电极电流也很小。

3）测量 V2 的集电极电压，若无电压，可判断是 T4 一次绕组断线；若电压正常而干扰信号的注入在扬声器中不能引起声音，可判断 T4 一次绕组或二次绕组有短路；电压正常时扬声器发声。

4）测量 V2 的基极电压，若无电压，可判断是 T3 二次绕组断线或开焊；电压正常，但干扰信号的注入不能在扬声器中引起响声，可判断是 V2 损坏；电压正常时喇叭有声音。

5）测量 V1 的集电极电压，若无电压，则说明 T2 二次绕组、T3 一次绕组有断线；电压正常，扬声器中无“咯咯”声，为 T3 一次绕组或二次绕组有短路。如果中周内部线圈有短路故障时，由于匝数较少，所以较难测出，可采用替代法加以证实。

6）测量 V1 的基极电压，若无电压，可能是 R1 或 T1 二次绕组开路，或 C2 短路；电压高于正常值，可能是 V1 发射极开路；电压正常，但无声，可判断 V1 损坏。

注意：经过上述检查，如果仍然收听不到电台，应进行下面检查。

7）将万用表拨至直流电压 10 V 挡，两表笔并接在 R2 两端，用镊子将 T2 的一次绕组短路一下，观察表针指示是否减小（一般减小 0.2 ~ 0.3 V 左右），若电压不减小，说明本机振荡电路未起振，可能是振荡耦合电容 C3 失效或开路、C2 短路、T2 一次绕组内部断路或短路、双联质量不好；若电压减小很少，说明本机振荡太弱，可能是 T2 受潮、印制板受潮、双联电容器漏电、微调电容不好、V1 质量不好，此法同时可检测 V1 偏流是否合适；若电压减小正常，可判断故障在输入回路，应检查双联电容器有无短路、电容质量如何，磁棒线圈 T1 一次绕组是否断线。经过上述检查，收音机应能够收听到电台信号。

四、黑白电视机调试中常见故障现象分析及排除

1．整机调试过程中出现故障的原因

（1）焊接故障。由于焊接工艺出现偏差，造成漏焊、虚焊、假焊、错焊、桥接等焊接故障。

（2）装配故障。装配故障主要有元器件安装错误、电气接线错误和机械安装位置不当等。例如，集成电路引脚顺序识别错误而造成集成电路装错；半导体管电极装错；有极性组件和元器件极性装反；元器件位置装错和漏装；电气连线遗漏、断线；零部件安装位置不当、错位、卡死等。

2．黑白电视机常见故障及对应部位分析

黑白电视机常见故障现象及对应部位分析见表3—18。

表3—18　黑白电视机常见故障现象及对应部位参照表

序号	故障现象	调节部位	大致故障范围
1	无光栅、无伴音	将亮度电位器、音量电位器均调到最大位置后仍无光栅及伴音	电源电路故障，电源负载短路，元器件损坏引起熔丝烧断
2	无光栅、有伴音	将亮度电位器调到最亮位置，并观察显像管管颈有无紫光、打火，灯丝是否亮	行扫描电路故障，显像管及其附属供电电路故障
3	光栅暗淡	将亮度电位器调到最亮位置，光栅仍旧暗淡	显像管及其附属供电电路故障
4	亮度失控	反复调节亮度电位器，光栅亮度无变化	显像管及其附属电路故障，亮度电位器接触不良
5	一条水平亮线		场扫描电路故障或场偏转线圈开路
6	一条垂直亮线		行偏转线圈开路
7	场幅窄	调节场幅可变电阻无效	场扫描电路故障
8	行幅窄		行扫描电路故障
9	行幅、场幅都窄		直流稳压电路输出电压太低或行扫描电路故障
10	光栅有回扫线，无图像、有伴音	将亮度调到较暗时仍有回扫线	消隐电路故障
11	有光栅，无图像、伴音	对比度、亮度均调到最大位置	高频调谐器、前置中放、CD2915中放及外部电路故障
12	有光栅，无图像，有伴音	调节对比度电位器无效	视放电路故障

续表

序号	故障现象	调节部位	大致故障范围
13	对比度失控	调节对比度电位器无效	对比度电位器损坏，C38 损坏
14	行不同步	调节行频可变电阻无效	AFC 电路、行振荡电路故障
15	场不同步	调节场同步电位器无效	场积分电路、场振荡电路故障
16	行、场扫描均不同步	调节行频、场同步电位器无效	同步分离电路故障

3．黑白电视机常用检修方法

电视机的检修方法很多，常用的方法有观察法、测量法、元器件替换法、分割检查法等。

（1）观察法。观察法是通过人体感觉发现电视机故障的方法。观察法是一种最简单的检修方法，也是各种电子设备通用的检测过程的第一步。观察法可以分为在不通电状态下进行的静态观察和在通电后进行的动态观察。

1）静态观察法。静态观察法又称不通电观察法，即在电视机通电前主要通过目视查找故障。对于新安装的电视机通过静态观察法可以方便地查找由于安装不当造成的错误。

2）动态观察法。动态观察法又称为通电观察法，即给电视机通电后，运用人体的视觉、嗅觉、听觉、触觉检查线路故障，一般情况下进行动态观察时还应使用万用表等仪器设备监视电路状态。通电后，眼要看电路内有无打火、冒烟等现象；鼻要闻有无烧焦、烧煳的异味；耳要听有无异常声音；手要触摸一些元器件（如行管、电源调整管、场输出管等）、集成电路是否发烫（注意在操作过程中要防电击高压、防烫伤等）；有时还要震动电路板、接插件和元器件等，检查有无接触不良现象。

（2）测量法。测量法是故障查找中使用最广泛、最有效的方法。根据测量的电参数不同可以分为电阻测量法、电压测量法和波形观测法。

1）电阻测量法。电阻参数是反映各种电子元器件和电路基本特征的重要技术指标，利用万用表测量电子元器件或电路各点之间的电阻值来判断故障的方法称为电阻法。测量电阻值有“在路”和“断路”两种基本方法。“在路”测量需要考虑被测元器件受其他并联支路的影响，测量结果应对照其电路图分析判断。“在路”测量操作方便，不需拆焊线路板，对电路损伤小；“断路”测量需要将元器件全部或部分从线路板上拆焊下来，操作比较麻烦，但测量结果准确。

电阻测量法对确定开关、接插件、导线、印制线路板铜箔的通断以及电感线圈断路等故障非常有效而且快捷，但对于半导体管、集成电路以及单元电路来说，一般不能直接判断故障，需要与正常工作的电视机对比分析或兼用其他方法。但由于电阻测量法不用给电路通电，可将检测风险降到最小，所以一般检测首先采用电阻测量法。

使用电阻测量法时应在电视机断电、大容量电容器高压放电后进行。在判断电路通断时，若使用指针式万用表应使用 $R\times1$ 挡，应尽量避免使用指针式万用表的 $R\times10\ \text{k}\Omega$ 挡，因为该表内电压较高，可能损坏集成电路等元器件。

2）电压测量法。电视机在正常工作时，电路中各点都有一个确定的工作电压，通过测量电压来判断故障的方法称为电压法。根据被测电压的性质可分为交流和直流两种电压，而直流电压的测量是电视机通电检测手段中最基本、最常用的方法。

电视机中关键测试点和集成电路各引脚的对地直流电压能表征一个单元电路是否正常工作，掌握这些测试点的电压对判断故障部位及故障检修有重要意义。

3）波形观测法。利用示波器观察信号通路各点的电压波形是最直观、最有效的故障检测方法。在电视机中，电路的各关键测量点的波形是确定的，用示波器观察信号通路各关键测量点波形的各种参数（如幅值、周期等），与正常波形参数对照，可找出故障的原因。

（3）元器件替换法。元器件替换法是用规格性能相同的正常元器件代替电路中被怀疑的相应部分，从而判断故障所在部位的一种检测方法，也是电路调试、检修中常用的方法之一。

在实际应用中，元器件的替换一般需要拆焊，操作比较麻烦，而且容易损坏印制电路板，因此，元器件的替换多用于被怀疑的元器件用其他方法较难准确测量、判断其好坏的情况，如半导体管的软击穿、小容量电容器容量不足、电感或变压器内部局部短路或某些元器件个别性能参数偏离允许范围等。需要强调的是，元器件替换法虽然说是一种常用检测方法，但不是最佳的方法，更不是首选的方法，它只是在用其他方法检测的基础上对某一元器件怀疑时才选用的方法。

（4）分割检查法。分割检查法主要用于检修直流供电电路短路或负载过重造成的故障。在电视机出现直流稳压电源输出电压偏低，且电源调整管发烫现象时，为了证实故障是否为行输出电路有短路引起的，可断开行输出管供电电路，测量稳压电源输出电压是否回升，如回升到正常电压值，则说明行输出电路有短路或电流过大的故障存在；如电压仍无回升，应继续断开其他支路进行试验，断开所有的负载后电源电压仍不回升，则说明电源本身存在故障。

4. 黑白电视机常见故障检修

（1）光栅故障检修

1）无光栅、无伴音，调节亮度电位器和音量电位器无效。

①引起故障的主要原因有以下几个方面：

a. 电源电路（包括整流、稳压电路）故障。

b. 电源负载直流短路，使熔丝烧断。

c. 电路中某单元电路工作电流过大，导致直流熔丝烧断，最常见故障是行输出级工作异常，使工作电流过大。

d. 电源电路正常，行扫描电路和信号通道同时出现故障，上述两电路同时出现故障的几率很小。

②判断故障所在电路的程序如下：

a. 检查稳压电源的输出是否正常，如果正常，则有可能扫描电路和信号通道同时出现故障，应着重检查这两个单元电路的供电是否正常，有无开路现象。

b. 稳压电源输出在 14 V 以上、输出电压偏低、输出电压为 0，且调节 RP4 不起作用，一般有以下几种可能：

第一，稳压电路本身故障。可断开稳压电路的负载，再次测量输出电压，以区分故障部位是稳压电源本身还是负载。

第二，负载电路有短路或工作电流过大的支路，可采用分割法检查。

第三，电源无输出且烧熔丝，表明电路存在严重的对地短路现象，应重点检查行管、电源调整管、场输出管等是否击穿，行输出变压器有无局部短路现象存在。

2）无光栅、有伴音，调节亮度电位器无效。引起这类故障的原因一般在行扫描电路、显像管和显像管附属电路。一般显像管各电极直流电压和灯丝电压均由行扫描电路提供，行扫描电路有故障时，会引起无光栅、有伴音的故障现象。行扫描电路较易损坏的元器件有行输出管、集成电路 CD2915、行输出变压器等。检修时，需要对关键测试点的电压和波形进行测量，找出故障部位。其检修程序如下：

①先观察显像管灯丝应点亮，且无极间打火（若打火管颈上会出现蓝光）；若灯丝未被点亮，应检查显像管灯丝电压。

②测量行输出管集电极电压应为 16 V 左右，该电压若不正常，表明行扫描电路有故障。

③行输出管集电极电压正常，应检查显像管各极电压是否正常，若显像管各极电压不正常，应检查显像管附属供电电路；若显像管各极电压正常，则可能显像管损坏。

3）垂直一条亮线，伴音正常。产生这种故障现象的范围较窄，因为有垂直亮线，说明显像管中有高压和中压，而高压和中压都是由行输出电路提供的，因此可以判断行输出变压器之前电路都是正常的，故障部位只限于行偏转线圈以及行偏转线圈与行输出级之间的组件，如 S 校正电容 C34 等，这些故障可用测量直流电阻的方式来判断。若组件正常，则应检查是否有开路或虚焊现象。

4）水平一条亮线，伴音正常。产生这种故障现象的原因是场扫描电路由于某种故障原因不能向场偏转线圈提供锯齿波电流，电子束所受的垂直偏转力消失，在行扫描产生的水平偏转作用下，电子束只在屏幕中央来回扫描，形成一条水平亮线。若亮度调得较大，长时间的水平亮线会损坏荧光屏。

检修时，首先应检查场偏转线圈回路，包括 C37、R38 等组件是否开路或虚焊，还应检查场输出电路，如中点电压、场输出管等。若上述检查均正常，应重点检查集成电路 CD2915 的㉔、㉕、㉖脚外部元器件是否装错、装反等。此外，还应测量集成电路相关引脚和场输出电路中半导体管各极电压是否正常，从而判断故障点。

（2）图像故障检修

1）有光栅、无图像、无伴音。光栅正常说明电源电路、扫描电路、显像管及其附属电路正常，故障可能在公共通道，包括天线、高频调谐器、预中放、声表面波滤波器、集成电路 CD2915 的中放部分及外部组件，也有可能是视放电路和伴音通道同时出现故障。在检修时，可以利用“雪花”噪点、AGC 电压、屏幕回扫线、干扰条纹等特征来缩小故障范围，具体检修步骤如下：

①开机后，转动调谐电位器并观察屏幕，若屏幕上有又粗又密的“雪花”噪点，转动电位器时有干扰条纹，故障多在高频头；如屏幕上无“雪花”噪点，转动调谐电

位器无干扰条纹，故障多在预中放及其后面各级。

②当判定故障在电子调谐器之后，用手拿镊子轻触 CD2915 的㉘脚，如果屏幕上出现几条黑白相间的干扰条纹，说明故障不在集成电路及其外部电路，而在预中放电路；若无干扰条纹出现，则故障在 CD2915 及其外部电路的可能性较大。

③ 预中放电路组件不多，检查时可先测量预中放管 V1 各极对地电压是否正常。声表面波滤波器常见的故障是失效或输入、输出端对地漏电，漏电故障可用万用表 $R\times 10\ k\Omega$ 挡测量直流电阻来确定，如测得输出、输入端对地电阻不是无穷大，说明有漏电故障；而声表面波滤波器的失效无法用万用表判断，可采用跨接法来确定，即用一只 0.01 μF 的瓷片电容器跨接在 V1 的集电极和 CD2915 的㉘脚之间，若可以看到图像，说明声表面波滤波器失效。

④如果确定故障在集成电路 CD2915，可先测量⑤脚电压，正常时静态电压为 3.85 V，动态电压为 3.35 V 左右。⑤脚电压正常与否，是判断内部预视放是否损坏的关键。若⑤脚电压不正常，应再测集成电路的供电电压（⑳脚电压），如果供电电压正常而⑤脚电压不正常，且外部组件无损坏，则可能是集成电路损坏，通常集成电路的预视放损坏后，⑤脚电压会高于 5 V 或低于 1 V。此外，集成电路的各引脚电压偏离正常值较多，也表明集成电路或外部组件有故障。另外，CD2915 的④脚是 AGC 检波电压，当预视放之前的电路正常时，在未收到电视信号时④脚电压为 7.4 V 左右，收到电视信号时该脚电压会下降到 4.7 V 左右，如果在调谐时④脚电压不变，也有可能是集成电路故障。

2）有光栅、无图像、有伴音。此故障的主要原因是视放电路有故障。首先用万用表的直流电压挡测试视放管 V8 的各极电压，若测得电压不正常，应检查视放管及其外部电路；若测得正常，则应检查视放电路的输入支路是否开路或对地短路，耦合电容 C45 是否开路。

（3）伴音故障检修。伴音故障的主要现象是有图像、无伴音。出现此故障时，如果调节音量电位器时仍然无伴音，故障一般发生在伴音电路。其判断故障的方法如下：

1）判断故障在音频放大电路还是在伴音中放电路。用金属镊子碰触音频功放集成电路 KA386 的③脚，若有“嘟嘟”声，则故障在伴音中放电路和音量控制电路；否则，故障在音频放大电路。

2）音频放大电路比较简单，由 KA386 以及外部电路和扬声器组成，检修时可测量⑥脚和⑤脚电压是否正常，若这两脚电压有不正常者，可关机测这两脚的对地电阻，通过对比判断是集成电路损坏还是外部组件损坏。

3）伴音中放和鉴频电路的主要故障有 CD2915 损坏；鉴频线圈 T1 失调（T1 失调引起的无伴音，扬声器多会发出“嚓嚓”声）。另外，6.5 MHz 滤波器失效也会引起无伴音，可用替换法判断。

（4）不同步故障检修。行、场不同步的故障现象多数是由同步分离电路故障引起的，但也有可能是公共通道和行扫描电路同时有故障。

1）行、场均不同步。此故障一般由同步分离电路发生故障所致，应重点检查 CD2915 的⑥脚外接的 RC 组件，如 3C1、R16、C16 等，若外部组件正常，则应检查集成电路 CD2915 是否损坏，可用替换法进一步判断。

2）场同步正常，行不同步。行不同步故障主要表现在屏幕上出现斜带或杂乱的花纹，有时能出现完整图像，垂直方向能稳定，但水平方向不能稳定。由于场同步不良，所以可判断同步分离级及前面各部分电路工作正常，问题在 AFC 电路及其后面电路。检修时，可先调节行频电位器 RP7，如调到某一位置时图像能暂时稳定，说明行振荡电路及其后面各级电路基本工作正常，应重点检查行 AFC 电路，即 CD2915 的⑲脚、㉓脚外部组件。

3）行同步正常，场不同步。场不同步故障表现在电视机屏幕上能呈现满屏图像，但图像上下滚动，调节场同步电位器也不能稳定下来。此故障最大可能出现在积分电路，应重点检查 CD2915 的㉔脚外部组件。

第五节 单片机基础知识

培训目标

- → 了解单片机及单片机应用系统
- → 了解 8051 单片机的基本组成
- → 了解单片机接口电路的应用

单片机在 20 世纪 70 年代问世，发展至今在工业自动化控制、自动检测、智能仪器仪表、家用电器、电力电子、机电一体化设备等方面都有广泛的应用。作为一名从事无线电产品的调试工，应该了解单片机的基础知识，这样将更加方便调试工作，下面对单片机的基本知识进行介绍。

一、单片机及单片机应用系统

1. 微型计算机及微型计算机系统

微型计算机（Microcomputer）简称微机，是计算机的一个重要分类。微型计算机系统由硬件系统和软件系统两大部分组成。硬件系统是指构成微机系统的实体和装置，通常由运算器、控制器、存储器、输入接口电路和输入设备、输出接口电路和输出设备等组成。其中，运算器和控制器一般做在一个集成芯片上，统称中央处理单元（Central Processing Unit，CPU），是微机的核心部件。CPU 配上存放程序和数据的存储器、输入/输出（Input/Output，I/O）接口电路以及外部设备，即构成微机的硬件系统。

软件系统是微机系统所使用的各种程序的总称。人们通过它对整机进行控制，并与微机系统进行信息交换，使微机按照人的意图完成预定的任务。

软件系统与硬件系统共同构成完整的微机系统，两者相辅相成，缺一不可。微型计算机系统组成的示意图如图 3—15 所示。

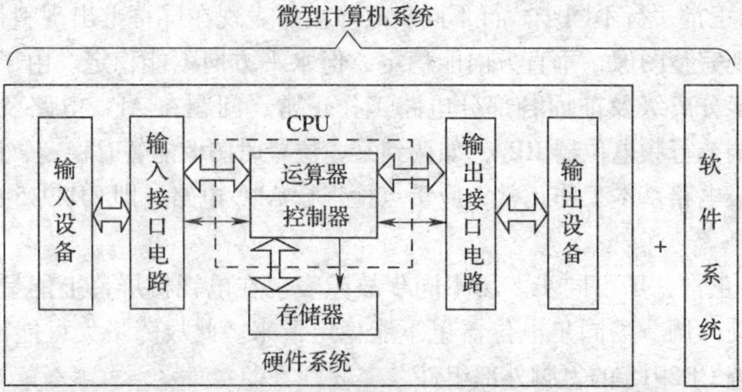

图 3—15　微型计算机系统组成示意图

下面对微型计算机硬件系统的 5 个基本部件作简单说明。

（1）运算器。运算器是计算机的运算部件，用于实现算术和逻辑运算。计算机的数据运算和处理都在运算器中进行。

（2）控制器。控制器是计算机的指挥控制部件，它控制计算机各部分自动、协调地工作。运算器和控制器是计算机的核心部分，常把它们合在一起称为中央处理器，简称 CPU。

单元 3

（3）存储器。存储器是计算机的记忆部件，用于存放程序和数据。存储器又分为内存储器和外存储器。

（4）输入设备。输入设备用于将程序和数据输入到计算机中，如键盘等。

（5）输出设备。输出设备用于把计算机数据计算或加工的结果，以用户需要的形式显示或打印出来，如显示器、打印机等。

通常把外存储器、输入设备和输出设备合在一起称为计算机的外围设备，简称“外设”。

2. 单片微型计算机

单片微型计算机是指集成在一个芯片上的微型计算机，也就是把组成微型计算机的各种功能部件，包括 CPU、随机存取存储器（Random Access Memory，RAM）、只读存储器（Read - only Memory，ROM）、基本 I/O 接口电路、定时器/计数器等部件都制作在一块集成芯片上，构成一个完整的微型计算机，亦称为微处理器，从而实现微型计算机的基本功能。

单片机实质上是一个芯片。在实际应用中，通常很难将单片机直接和被控对象进行电气连接，必须外加各种扩展接口电路、外部设备、被控对象等硬件和软件，才能构成一个单片机应用系统。

3. 单片机应用系统及组成

单片机应用系统是以单片机为核心，配以输入、输出、显示、控制等外部电路和软件，能实现一种或多种功能的实用系统。所以说，单片机应用系统是由硬件和软件组成的，硬件是应用系统的基础，软件则是在硬件的基础上对其资源进行合理调配和使用，从而完成应用系统所要求的任务，两者相互依赖，缺一不可。单片机应用系统的组成如图 3—16 所示。

由此可见，单片机应用系统的设计人员必须从硬件和软件两个角度来深入了解单片机，并能够将两者有机结合起来，才能形成具有特定功能的应用系统或整机产品。

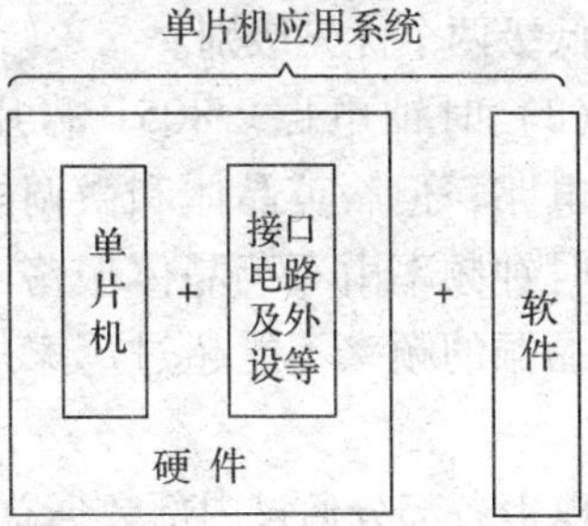

图 3—16　单片机应用系统的组成

二、8051 单片机的基本组成

1．8051 单片机结构

8051 单片机的基本组成如图 3—17 所示。下面介绍各部分的基本情况。

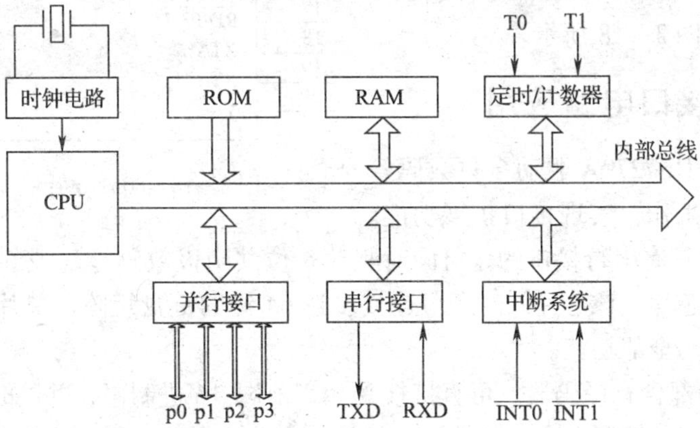

图 3—17　8051 单片机结构框图

（1）中央处理器。中央处理器是单片机的核心，完成运算和控制功能。8051 的 CPU 能处理 8 位二进制数或代码。

（2）内部数据存储器（内部 RAM）。8051 芯片中共有 256 个 RAM 单元，前 128 单元作为寄存器供用户使用，用于存放可读写的数据；后 128 单元被专用寄存器占用。因此，通常所说的内部数据存储器就是指前 128 单元，简称内部 RAM。

（3）内部程序存储器（内部 ROM）。8051 共有 4 KB 掩膜 ROM，用于存放程序、原始数据或表格，因此称之为程序存储器，简称内部 ROM。

（4）定时器/计数器。8051 共有两个 16 位的定时器/计数器，以实现定时或计数功能，并以其定时或计数结果对计算机进行控制。

（5）并行 I/O 口。8051 共有 4 个 8 位的 I/O 口（P0、P1、P2、P3），以实现数据的并行输入/输出。

（6）串行口。8051 单片机有一个全双工的串行口，以实现单片机和其他设备之间的串行数据传送。该串行口功能较强，既可作为全双工异步通信收发器使用，也可作为同步移位器使用。

（7）中断控制系统。8051 单片机的中断功能较强，以满足控制应用的需要。8051 共有 5 个中断源，外中断两个、定时/计数中断两个和串行中断一个。全部中断分为高级和低级两个优先级别。

（8）时钟电路。8051 芯片的内部有时钟电路，但石英晶体和微调电容器需外接。时钟频率由石英晶体振荡器的频率决定，晶振的频率不能超过厂家规定的频率范围。

以上各部分通过内部数据总线相连接。

2. 8051 单片机的引脚功能

8051 是标准的 40 条引脚双列直插式集成电路芯片，其中 I/O 接口引脚 32 条、控制引脚 4 条、电源引脚 2 条、时钟引脚 2 条。引脚排列如图 3—18 所示。

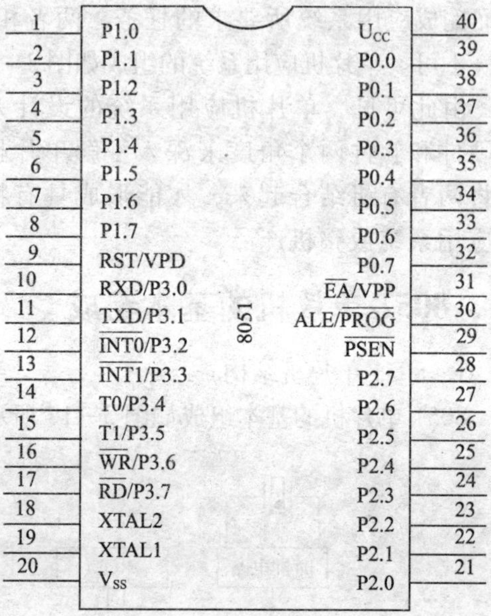

图 3—18　8051 单片机引脚排列

三、单片机接口电路应用

单片机通过 HD7279A 驱动多只数码管或矩阵键盘进行工作，实现接口扩展功能。HD7279A 是一片具有串行接口的、可同时驱动 8 位共阴极数码管（或 64 只独立 LED）的智能显示驱动芯片。该芯片同时还可连接多达 64 键的键盘矩阵，单片即可完成 LED 显示、键盘接口的全部功能。

HD7279A 内部含有译码器，可直接接受 BCD 码或 16 进制码，并同时具有 2 种译码方式，此外还有多种控制命令，如消隐、闪烁、左移、右移、段寻址等。命令的具体形式可查阅 HD7279A 相关的技术资料。

8 位共阴极数码管显示驱动电路如图 3—19 所示。

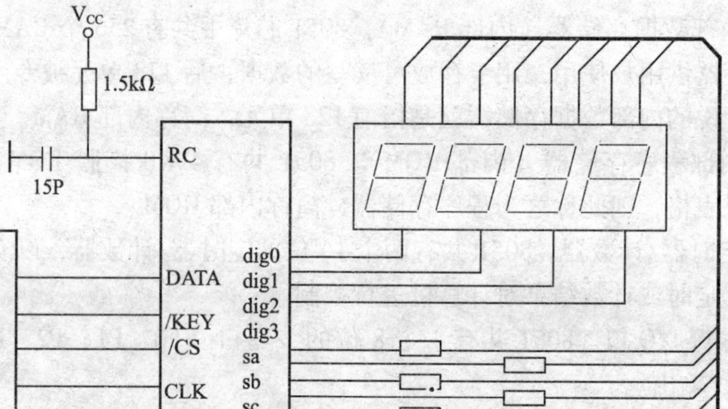

图 3—19　8 位共阴极数码管显示驱动电路

参考汇编程序：

```
BIT_COUNT       DATA    07FH
TIMER           DATA    07EH
TIMER1          DATA    07DH
TEN             DATA    07CH
DATA_IN         DATA    020H
DATA_OUT        DATA    021H
DAT             BIT     P1.2        ；HD7279A 的 DATA 连接于 P1.2
KEY             BIT     P1.3        ；HD7279A 的 KEY 连接于 P1.3
CS              BIT     P1.4        ；HD7279A 的 CS 连接于 P1.4
CLK             BIT     P1.5        ；HD7279A 的 CLK 连接于 P1.5
                ORG     00H
                LJMP    START
                ORG     100H
START：          MOV     SP，#2FH                 ；定义堆栈
                MOV     P1，#11011011B           ；初始化 P1 口
                MOV     TIMER，#50               ；延时约 25 ms
START_DELAY：    MOV     TIMER1，#255
START_DELAY1：   DJNZ    TIMER1，START_DELAY1
                DJNZ    TIMER，START_DELAY
                MOV     DATA_OUT，#10100100B     ；8 位数码管全部点亮
                                                  闪烁显示
                CALL    SEND
                SETB    CS
MAIN：           JB      KEY，MAIN
                MOV     DATA_OUT，#00010101B     ；复位
                CALL    SEND
                CALL    RECEIVE
                SETB    CS
                MOV     A，DATA_IN
                CJNE    A，#06，NEXT1
                MOV     B，#1
NEXT1：          CJNE    A，#05，NEXT2
                MOV     B，#2
NEXT2：          CJNE    A，#04，NEXT3
                MOV     B，#3
NEXT3：          CJNE    A，#14，NEXT4
                MOV     B，#4
```

单元 3

```
NEXT4:      CJNE    A, #13, NEXT5
            MOV     B, #5
NEXT5:      CJNE    A, #12, NEXT6
            MOV     B, #6
NEXT6:      CJNE    A, #22, NEXT7
            MOV     B, #7
NEXT7:      CJNE    A, #21, NEXT8
            MOV     B, #8
NEXT8:      CJNE    A, #20, NEXT9
            MOV     B, #9
NEXT9:      CJNE    A, #30, NEXT10
            MOV     B, #0BH
NEXT10:     CJNE    A, #29, NEXT11
            MOV     B, #0
NEXT11:     CJNE    A, #28, NEXT12
            MOV     B, #0CH
NEXT12:     MOV     TEN, #00H
            MOV     DATA_OUT, #10100001B
            CALL    SEND
            MOV     DATA_OUT, #10100001B
            CALL    SEND
            MOV     DATA_OUT, #10000001B
            CALL    SEND
            MOV     DATA_OUT, TEN
            CALL    SEND
            MOV     DATA_OUT, #10000000B
            CALL    SEND
            MOV     DATA_OUT, B
            CALL    SEND
            SETB    CS
WAIT:       JNB     KEY, WAIT
            JMP     MAIN
SEND:       MOV     BIT_COUNT, #8           ；设定位计数器=8
            CLR     CS                      ；设 CS 低电平
            LCALL   LONG_DELAY              ；长延时
SEND_LOOP:  MOV     C, DATA_OUT.7           ；输出 1 位
            MOV     DAT, C
            SETB    CLK                     ；设 CLK 低电平
```

```
                MOV     A, DATA_OUT            ; 待发送数据左移
                RL      A
                MOV     DATA_OUT, A
                LCALL   SHORT_DELAY            ; 短延时
                CLR     CLK                    ; 设 CLK 低电平
                LCALL   SHORT_DELAY            ; 短延时
                DJNZ    BIT_COUNT, SEND_LOOP   ; 检查是否 8 位数据发
                                                 送完毕
                CLR     DAT                    ; 发送完毕, 返回
                RET
LONG_DELAY:     MOV     TIMER, #25; 长延时子程序
DELAY_LOOP:     DJNZ    TIMER, DELAY_LOOP
                RET
SHORT_DELAY:    MOV     TIMER, #4; 短延时子程序
SHORT_LP:       DJNZ    TIMER, SHORT_LP
                RET
RECEIVE:        MOV     BIT_COUNT, #8
                SETB    DAT
                CALL    LONG_DELAY
RECEIVE_LOOP:   SETB    CLK
                CALL    SHORT_DELAY
                MOV     A, DATA_IN
                RL      A
                MOV     DATA_IN, A
                MOV     C, DAT
                MOV     DATA_IN.0, C
                CLR     CLK
                CALL    SHORT_DELAY
                DJNZ    BIT_COUNT, RECEIVE_LOOP
                CLR     DAT
                RET
END
```

上述程序是将 HD7279A 的全部编码送入 8 × 200 显示，以 1 s 为间隔显示下一位，以前的显示内容左移。

单元测试题

一、单项选择题（下列每题的选项中，只有1个是正确的，将其代号填在横线空白处）

1. 超外差收音机接收频率范围调整时，低端应调整________。
A. 天线 B. 天线回路电容
C. 本振调谐回路电容 D. 本振调谐回路电感

2. 接收机接收质量下降，可能是由于本振________造成的。
A. 停振 B. 自激 C. 振荡频率偏移 D. 幅度太大

3. 电视机出现一条水平亮线的原因可能是________电路出现故障。
A. 行扫描电路 B. 场扫描电路 C. 视频通道 D. 末级视放

4. 电视机出现无光栅、无伴音、无图像的故障时，首先应检查________电路。
A. 末级视放 B. 伴音通道
C. 电源电路和行扫描电路 D. 视频通道

5. 调整整机灵敏度和选择性，应调整________。
A. 音频放大电路 B. 高频放大电路
C. 中频放大电路 D. 接收频率范围

6. 电视机出现有光栅、无图像、无伴音故障，故障可能产生的部位是________电路。
A. 场扫描 B. 行扫描 C. 高频头 D. 显像管

7. 根据残留边带的传输特点，图像中频应在中放幅-频特性的________。
A. 斜边高点 B. 斜边中点 C. 斜边低点 D. 斜边$\sqrt{2}$处

8. 调幅收音机接收频率的范围是________。
A. 525～1 605 kHz B. 525～1 605 MHz
C. 87～108 kHz D. 87～108 MHz

9. 电视图像很好，而声音差且伴有较大噪声，故障原因是________。
A. 伴音输出级故障 B. 扬声器故障
C. 视频检波故障 D. 鉴频S形曲线位置偏移

10. 黑白电视机中行扫描电路停振，会出现________故障。
A. 行不同步 B. 无光栅，有伴音
C. 无光栅，无伴音 D. 垂直亮线

11. 调整________可降低中放自激的出现。
A. 输入信号 B. 中放频率
C. 中和电容 D. 中放特性曲线

12. 调整调谐放大器的LC回路参数不会使________发生改变。
A. 整机灵敏度 B. 抗干扰能力
C. 信号输出 D. 电路工作电压

13. CPU的主要组成部分为________。

A. 运算器、控制器　　B. 加法器、寄存器

C. 运算器、寄存器　　D. 运算器、指令译码器

14. MCS－51单片机的中断源有________个。

A. 2　　B. 3　　C. 4　　D. 5

15. 8051的引脚按功能划分为________组。

A. 2　　B. 3　　C. 4　　D. 5

二、判断题（下列判断正确的打“√”，错误的打“×”）

1. 为了保证图像信号和伴音信号都能顺利通过，高频调谐器的通频带越宽越好。（　）

2. 场扫描电路为场偏转线圈产生均匀变化的磁场，控制电子束产生水平偏转。（　）

3. 在中放进行幅频特性调整时，主要调整调谐放大器的谐振回路参数，它们的调整不影响电路的静态工作值。（　）

4. 电视机视频检波器的作用是从输入的电视信号中检出视频全电视信号。（　）

5. 计算机的算术/逻辑单元、控制单元及存储单元合称CPU。（　）

6. 程序设计就是用某种程序设计语言编制程序的过程。（　）

7. 中放增益调整得当可使整机获得较高的灵敏度和稳定性。（　）

8. 调整显像管聚焦电压是为了保证显像管正常发光。（　）

9. 敲击检测法就是对电路中输入干扰的直流信号，通过扬声器的反应是否正常判断整机工作情况的一种方法。（　）

10. 整机检修故障时，要求熟悉主要元器件的基本技术参数。（　）

三、技能题

1. 测量调幅收音机整机静态总电流。

2. 测量调幅收音机中各三极管的静态工作点电压值。

3. 测量调幅收音机中各三极管的静态工作点电流值。

4. 设计调幅收音机中频频率的调试过程并进行调试。

5. 设计调幅收音机频率范围的调试过程并进行调试。

6. 设计调幅收音机统调的调试过程并进行调试。

7. 用示波器观察黑白电视机行振荡波形和场振荡电压波形，并画出它们的波形图。

8. 用示波器观察黑白电视机场输出电路输出电压波形，并画出波形图。

9. 在黑白电视机调试过程中，若场幅过窄，试完成场幅调节，写出调试过程。

10. 在黑白电视机调试过程中，若伴音音量过小，试完成伴音通道调节，使音量最大、最清晰，写出调试过程。

单元测试题答案

一、单项选择题

1. D　2. C　3. B　4. C　5. C　6. C　7. B　8. A　9. D
10. B　11. C　12. D　13. A　14. D　15. C

二、判断题

1. ×　2. ×　3. √　4. ×　5. √　6. √　7. √　8. ×
9. ×　10. √

三、技能题

答案略。

单元 3

理论知识考核试卷

一、单项选择题（下列每题的选项中，只有1个是正确的，将其代号填在横线空白处。每题1分，共80分）

1. 以下说法中不属于本振要求的是________。
A. 容易受控　　B. 容易起振　　C. 输出波形好　　D. 稳定可靠

2. 根据残留边带的传输特点，图像中频应在中放幅频特性曲线的________。
A. 斜边中点　　B. 斜边低点　　C. 斜边高点　　D. 无法确定

3. 黑白电视机显像管的构成是由荧光屏、玻璃壳和________组成的。
A. 阴极　　B. 阳极　　C. 电子枪　　D. 管脚

4. 如果电视装配中将视频检波二极管装反，会出现________现象。
A. 图像正常，无伴音　　B. 无图像，有微弱伴音
C. 无图像，无伴音　　D. 图像不正常

5. 以下调整电压方式中，________不能提高荧光屏的亮度。
A. 降低阴极电压　　B. 升高栅极电压
C. 降低聚焦电压　　D. 升高加速极电压

6. 如果电视图像出现上部偏暗，其原因很可能是________。
A. 扫描故障　　B. 显像管故障　　C. 检波失真　　D. 中放故障

7. ________电压偏高，容易引起显像管内部打火。
A. 阴极　　B. 栅极　　C. 加速极　　D. 第四阳极

8. 接收机接收质量下降，可能是由于本振________而影响。
A. 停振　　B. 振荡频率偏移　　C. 幅度太大　　D. 自激

9. 中频放大电路调整的主要任务是________。
A. 调整中放谐振频率　　B. 调整中放增益
C. 调整中放 AGC　　D. 调整中放幅频特性

10. 电视机出现其他频道串声，原因可能是________。
A. 中放故障　　B. 30 MHz 吸收回路故障
C. 31.5 MHz 吸收回路故障　　D. 39.5 MHz 吸收回路故障

11. 显像管栅极电压可调范围减小，会使________。
A. 清晰度变差　　B. 对比度变小
C. 亮度调节范围变小　　D. 聚焦不良

12. 电调谐高频头工作时，加在变容二极管 PN 结反向偏压增大，结电容将________。
A. 不变　　B. 消失　　C. 变大　　D. 变小

13. 中放电路中，中和电容的作用是________。

A. 提高信噪比　B. 提高灵敏度　C. 提高选择性　D. 提高稳定性

14. 扫描电路给偏转线圈提供________。

A. 脉冲电压　B. 锯齿波电流　C. 正弦波电压　D. 方波电压

15. 电视机中，AGC 电路将输出的________信号，经处理后转变为能反映高频输入信号的 AGC 直流电压，用来控制高放级和中放级。

A. 高频　B. 中频　C. 音频　D. 视频

16. 电视机中放的电压增益要求是________ dB。

A. 20 ~ 40　B. 40 ~ 60　C. 60 ~ 80　D. 80 ~ 100

17. 垂直扫描幅度不正常应调整________。

A. 场幅　B. 场线性　C. 行幅　D. 行线性

18. 如果同步分离输出波形前沿不陡，波形不平，可调整________。

A. 输入电容　B. 放电电阻　C. 三极管工作点　D. 输出电容

19. 电视机________出现故障，会导致有声音无图像，弱噪波点现象。

A. 预视放　B. 预中放　C. 中放　D. 视放

20. 电视图像很好，而声音差且伴有较大噪声，故障原因是________。

A. 伴音输出级故障　B. 扬声器故障

C. 视频检波故障　D. 鉴频 S 形曲线位置偏移

21. 我国调幅收音机的中频频率是________。

A. 465 kHz　B. 10.7 MHz　C. 38 MHz　D. 6.5 MHz

22. 整个电视机的功率消耗主要在________。

A. 电源电路　B. 伴音电路　C. 行扫描电路　D. 场扫描电路

23. 行同步脉冲的宽度是________ μs。

A. 64　B. 52　C. 12　D. 4.7

24. 电视机中，显像管各级电源大部分是由________提供。

A. 稳压电源　B. 独立电源　C. 行扫描电路　D. 场扫描电路

25. 如果电视机中放增益下降会出现________故障。

A. 无图、无声　B. 无图、有声　C. 有图、无声　D. 灵敏度下降

26. 高放 AGC 又称为________。

A. 平均值 AGC　B. 延迟 AGC　C. 峰值 AGC　D. 键控 AGC

27. 手工焊接时，先________。

A. 熔化焊料　B. 熔化助焊剂

C. 加热被焊件　D. 熔化焊料和助焊剂

28. 整机装配应按照________操作。

A. 生产线复杂人员的意愿　B. 个人意愿

C. 工艺文件　D. 前道工位的意愿

29. 在无线电装接中，大功率三极管不能与________靠的太近。

A. 大功率电阻　B. 高压电容　C. 热敏元件　D. 导线

试卷

30．用 XFG－7 型高频信号发生器输出 400 kHz 的正弦波，“调幅选择”旋钮应放在________。

A．400 kHz　　B．400 Hz　　C．1 000 Hz　　D．等幅

31．电视机的场扫描频率为________。

A．25 Hz　　B．50 Hz　　C．15 625 Hz　　D．38 MHz

32．整机装配时应参照________进行安装。

A．印制线路板　　B．电路图　　C．样机　　D．装配图

33．导线剪裁时允许有________。

A．负误差　　B．5%～10%的负误差

C．5%～10%的正误差　　D．20%～40%的正误差

34．良好的焊点是________。

A．焊点大　　B．焊点小

C．焊点适用　　D．焊点适中形成合金

35．焊接时间应掌握在________。

A．1 s 以下　　B．3～5 s　　C．10 s 以上　　D．10～15 s

36．用万用表测量电阻时，应使指针尽量靠近________位置，此时测量结果较准确。

A．接近满度　　B．2/3 以上区域　　C．接近起始位置　　D．中间附近

37．用万用表测电路中某条支路的电流，测量结果总比理论值小，除去电路本身精度原因之外，主要是由于________。

A．测量方法不正确　　B．电流表内阻过小

C．电流表内阻过大　　D．电路带载能力差

38．下列哪个量不能用万用表直接测量________。

A．直流电流　　B．电阻

C．正弦交流电压最大值　　D．直流电流放大倍数

39．用示波器测试正弦波时，显示的波形如下图，此时应调整________。

A．Y 轴灵敏度旋钮　　B．X 轴扫描时间钮

C．同步旋钮　　D．扫描扩展开关

40．自动增益控制电路的英文缩写是________。

A．ACC　　B．AGC　　C．ANC　　D．AFC

41．5 步操作法焊接的第四步是________。

A．加热被焊件　　B．熔化焊料　　C．移开焊锡丝　　D．移开电烙铁

42．共晶焊锡的锡铅比例是________。

A．63∶37　　B．37∶63　　C．49∶51　　D．51∶49

43．示波器 Y 轴灵敏度的下限是 Y 轴放大器的________。

试卷

A．最小灵敏度 B．最大灵敏度 C．相对灵敏度 D．绝对灵敏度

44．视频检波器的作用是将图像中频和伴音中频混频得到________ MHz 的第二伴音中频。

A．6.5 B．31.5 C．38 D．39.5

45．超外差收音机中频电路的调试主要通过调整________实现的。

A．天线 B．天线回路电容

C．本振调谐回路电容 D．中周

46．内热式烙铁头的温度大约为________℃。

A．100 B．183 C．220 D．350

47．用指针式万用表测量半导体管的极性时，一般选用________。

A．电压挡 B．电流挡 C．电阻挡 D．以上都不行

48．电视机中将高频电视信号变频为中频电视信号的电路是________。

A．高频调谐器 B．中频放大器 C．扫描电路 D．检波电路

49．39 号锡铅焊料的熔点是________℃。

A．220 B．183 C．210 D．350

50．示波器显示被测信号波形时，线条太粗应调节________。

A．辉度旋钮 B．聚焦旋钮

C．跟踪控制旋钮 D．Y 轴灵敏度旋钮

51．收音机变频器的作用是________。

A．改变调制信号的频率 B．改变调制信号的幅度

C．改变载波信号的频率 D．改变载波信号的幅度

52．绕接器是________中进行绕接操作的专用工具。

A．无锡焊接 B．钎焊 C．熔焊 D．点锡焊

53．焊点应该是________。

A．焊料与金属被焊面形成的合金 B．助焊剂与金属被焊面形成的合金

C．焊料与助焊剂形成的合金 D．焊料本身形成的合金

54．整件的装配应与________一致。

A．安装图 B．接线图 C．零件图 D．装配图

55．总装配时应________。

A．先铆后装 B．先大后小 C．先高后低 D．先重后轻

56．________是在绝缘层的外面包上一层编织的金属导线，构成一个金属层以防止周围电磁场的干扰。

A．绝缘软线 B．屏蔽线

C．电磁线 D．绝缘安装电线

57．绕接通常用于________和导线的连接。

A．焊片 B．接线端子 C．插座 D．焊点

58．下列选项不属于 EMI 系统内部干扰的是________。

A．电源干扰 B．自然界干扰

C. 地线干扰　　　　　　　　　　D. 信号通道的耦合干扰

59. 第二伴音中频是在________电路中产生的。

A. 检波　　　B. 伴音　　　C. 中放　　　D. 高放

60. 8051 单片机内有________个定时器。

A. 2　　　B. 3　　　C. 4　　　D. 5

61. 万用表不用时应放在________位置。

A. 电阻挡　　　　　　　　B. 直流电流挡

C. 交流电流挡　　　　　　D. 交流电压最高挡

62. 电热风枪专门用于焊接或拆装________的专用焊接工具。

A. 高密度装配元器件　　　　B. 插装的元器件

C. 表面贴装元器件　　　　　D. 通孔安装

63. 我国电视标准规定，视频全电视信号的频带宽度是________MHz。

A. 6　　　B. 6.5　　　C. 8　　　D. 38

64. 超外差收音机接收频率范围调整时，低端应调整________。

A. 天线　　　　　　　　　B. 本振调谐回路电感

C. 本振调谐回路电容　　　D. 天线回路电容

65. 调整________可降低中放自激的出现。

A. 输入信号　　　　B. 中放频率

C. 中和电容　　　　D. 中放特性曲线

66. 测电阻法适用于________故障的检查。

A. 性能　　　B. 短路或开路　　　C. 过压　　　D. 虚焊

67. 采用测电压法的关键是要知道被测电路各点的________。

A. 标准电压值　　B. 实际电压值　　C. 故障电压值　　D. 正常电压值

68. 计算机硬件系统的基本组成是________。

A. 主机、存储器、输入/输出设备

B. 主机、显示器、硬盘

C. 中央处理器、存储器、输入/输出设备

D. 键盘、显示器、打印机、运算器

69. ________是利用高温热风加热焊锡膏和电路板及元器件引脚，使焊锡膏熔化来实现焊装或拆卸的目的。

A. 吸锡电烙铁　　B. 电热风枪　　C. 热熔胶枪　　D. 吸锡器

70. 整机安装的技术要求是________。

A. 整机装配时，零部件用螺钉紧固后，要在其头部滴胶黏剂防止其生锈

B. 保证总装中使用的元器件和零部件的规格型号符合设计要求

C. 注塑件可直接放置在工作台，并且为节省空间可叠层放置

D. 若胶黏剂污染了外壳则用酒精清洗

71. 关于电磁兼容的说法正确的是________。

A. 电磁兼容就是承受电磁干扰的能力

B. 同一空间内的设备不能实现电磁兼容

C. 电磁兼容是指系统或设备在电磁环境下能正常工作且不对该环境中任何事物构成不能承受的电磁干扰的能力

D. 电磁兼容能限制设备产生环境污染，但不能保护设备免受干扰

72. 在家用电器中，使用单片机应属于微型计算机的________。

A. 辅助设计应用　　B. 测量、控制应用

C. 数值计算应用　　D. 数据处理应用

73. CPU、存储器、I/O 设备是通过________连接起来的。

A. 接口　　B. 总线　　C. 系统文件　　D. 控制线

74. CPU 的主要组成是运算器和________。

A. 控制器　　B. 存储器　　C. 寄存器　　D. 编辑器

75. 屏蔽线可以实现________。

A. 信号反馈　　B. 电磁感应　　C. 电磁屏蔽　　D. 信号放大

76. 下列描述中不属于压接优点的是________。

A. 操作简单　　B. 生产效率高

C. 污染环境　　D. 接点的接触电阻小

77. 示波器的"Y 轴衰减器"的作用是________。

A. 衰减被测信号的幅度　　B. 衰减扫描信号的幅度

C. 衰减被测信号的频率　　D. 衰减扫描信号的频率

78. 关于框图的作用，正确的是________。

A. 框图可以代替电路图

B. 框图与逻辑图相同

C. 简明扼要地说明电子设备的工作原理

D. 流程图是框图的基础

79. 真空吸锡枪是一种________工具。

A. 焊接　　B. 吸锡　　C. 装接　　D. 自动

80. 电视机出现有光栅、无图像、无伴音故障，故障可能产生的部位是________电路。

A. 行扫描　　B. 场扫描　　C. 显像管　　D. 高频头

二、判断题（下列判断正确的打"√"，错误的打"×"。每题 1 分，共 20 分）

1. EMI 必须包含 3 个要素，即 EMI 源、EMI 传递途径和接收 EMI 的响应者。（　）

2. 电子调谐器中进行 VHF 频道调谐是利用开关管。（　）

3. 手工焊接印制线路板时，使用无机类助焊剂。（　）

4. 显像管的高压线破损时，会造成与显像管锥体外表面的石墨层打火放电。（　）

5. 电磁干扰按照传播途径可以分为两大类，传导干扰和辐射干扰。（　）

6. 电源变压器、高频头等需要屏蔽的元器件，屏蔽外壳（或屏蔽层）一般要接

地。 ( )

7. 锡焊时只要将焊料堆附在被焊金属面就可以了。 ( )

8. 电磁干扰的英文缩写是 EMI。 ( )

9. 印制线路板只导电，不耐热。 ( )

10. 场扫描电路由场振荡、场激励和场输出组成。 ( )

11. 断路检测法是采用割断印制电路的某一处，或者焊开某一元件、某一处接线来压缩故障判断范围的一种方法。 ( )

12. 同步通信和异步通信是两种不同的串行通信。 ( )

13. 兆欧表中设置了机械调零。 ( )

14. 电视机的中放自激只对图像有影响，而对伴音无影响。 ( )

15. 超外差收音机频率高端接收不到信号是由于频率覆盖没调整好。 ( )

16. 可用数字式频率计来校正信号发生器的频率准确度。 ( )

17. 扫描电路的作用是配合显像管附属电路形成光栅。 ( )

18. 行扫描电路供给行偏转线圈锯齿形电流，产生均匀变化的偏转磁场，控制电子束沿垂直方向作均速扫描。 ( )

19. 用扫频仪测某一被测网络增益时，在获得屏幕上曲线高度及扫频仪的“输出衰减”量后，仍可调节“*Y* 轴增益”旋钮。 ( )

20. 电视机中如果 AGC 调整不当，可能使电视图像不稳。 ( )

理论知识考核试卷答案

一、单项选择题

1. A	2. A	3. C	4. D	5. C	6. C	7. D	8. B	9. D
10. D	11. C	12. D	13. D	14. B	15. D	16. C	17. A	18. C
19. D	20. D	21. A	22. C	23. D	24. C	25. D	26. B	27. C
28. C	29. C	30. D	31. B	32. D	33. C	34. D	35. B	36. D
37. C	38. C	39. B	40. B	41. C	42. A	43. B	44. A	45. D
46. D	47. C	48. A	49. B	50. B	51. C	52. A	53. A	54. D
55. A	56. B	57. B	58. B	59. A	60. A	61. D	62. C	63. A
64. B	65. C	66. B	67. D	68. C	69. B	70. B	71. C	72. B
73. B	74. A	75. C	76. C	77. A	78. C	79. B	80. D	

二、判断题

1. √	2. ×	3. ×	4. √	5. √	6. √	7. ×	8. √	9. ×	10. √
11. √	12. √	13. ×	14. ×	15. √	16. √	17. √	18. ×	19. ×	20. √

试卷

操作技能考核试卷

高级无线电调试工技能考试整机、仪器、材料、工具准备见卷表—1。

卷表—1　　整机、仪器、材料、工具准备单

序号	名称	规格	数量	备注
1	黑白电视机	由实际情况而定	每工位1台	电路图等技术文件
2	示波器	由实际情况而定	每工位1台	
3	万用表	由实际情况而定	1台	
4	常用工具	由实际情况而定	1套	

一、试题名称

扫描电路调试。

二、试题说明

扫描电路包括行扫描和场扫描两大部分电路。利用万用表测量集成电路相关引脚对地电压，利用万用表测量行场扫描电路部分三极管对地电压；用示波器测量 CD2915 的⑰脚、⑱脚和 Q9、Q10 集电极的逆程电压波形，并记录；用示波器观测场振荡锯齿波形成和输出电路的输出脉冲电压波形，并记录。经过调整，使扫描电路性能达到技术要求。

在调试过程中，若出现常见故障，考生应独立处理并排除故障；如果调试过程中无故障出现，考评人员应在考生回避时，预置一个故障后，让考生独立排除。

三、考试时限

1. 准备时间：30 min。
2. 正式操作时间：120 min。
3. 总时间：150 min。

四、评分标准

按照评分标准评分，符合评分标准的给分；不符合评分标准的不给分，无负分出现。评分标准见卷表—2。

卷表—2　　扫描电路调试评分标准

序号	评分项目	配分	评分要素	得分
1	看懂技术文件	10	针对技术文件（如电路图），由考评员提问2题，考生当场回答 答错每题扣5分，不完整的酌情扣分	
2	制定调试方案	5	由考生制定调试方案，有错误或关键测试点遗漏每处扣1~2分，或酌情扣分	

续表

序号	评分项目	配分	评分要素	得分
3	执行调试工艺的技能	10	（1）不符合调试工艺的操作扣1~3分 （2）测试点选择错误扣1~3分 （3）装拆或焊接质量不好扣1~3分 （4）损坏元器件扣1~3分	
4	常见故障排除能力	25	（1）调试中出现故障未排除扣10~15分 （2）预置的故障未排除扣10~15分	
5	调试结果	30	（1）集成电路相关引脚对地电压测试错误，每脚扣2分 （2）三极管各电极对地电压测试错误，每极扣2分 （3）用示波器观测波形错误，每个波形扣3~5分	
6	仪器的正确使用	15	（1）仪器使用错误扣3~5分 （2）旋钮调节不准确扣3~5分 （3）波形及读数观察错误扣3~5分	
7	安全文明操作	5	（1）工具、零件乱放扣2分 （2）调试记录不整齐扣2~3分	
	合计	100	总得分	
备注			考评员签名	年　月　日